灌区农业用水量控一体化技术及管理模式

张晴雯　晏清洪　展晓莹 等　编著

中国水利水电出版社
www.waterpub.com.cn
·北京·

内 容 提 要

本书在分析了我国灌区农业用水计量管理现状，以及发达国家农业用水先进经验的基础上，明确了灌区农业用水的计量监测指标，构建了农业用水效率评价体系，研发了灌区用水计量监控一体化关键技术，建立了农业用水的管理制度体系。本书还分别列举了渠灌区与井灌区两种用水计量监控一体化管理模式下的典型案例。本书可供农业、水利部门的研究人员及高等院校相关师生等参考。

图书在版编目（CIP）数据

灌区农业用水量控一体化技术及管理模式 / 张晴雯等编著. -- 北京 : 中国水利水电出版社, 2020.11
ISBN 978-7-5170-9177-6

Ⅰ. ①灌… Ⅱ. ①张… Ⅲ. ①农业灌溉－用水管理－研究 Ⅳ. ①S275

中国版本图书馆CIP数据核字(2020)第228615号

书　　名	灌区农业用水量控一体化技术及管理模式 GUANQU NONGYE YONGSHUI LIANGKONG YITIHUA JISHU JI GUANLI MOSHI
作　　者	张晴雯　晏清洪　展晓莹　等 编著
出版发行	中国水利水电出版社 （北京市海淀区玉渊潭南路1号D座　100038） 网址：www.waterpub.com.cn E-mail：sales@waterpub.com.cn 电话：（010）68367658（营销中心）
经　　售	北京科水图书销售中心（零售） 电话：（010）88383994、63202643、68545874 全国各地新华书店和相关出版物销售网点
排　　版	中国水利水电出版社微机排版中心
印　　刷	北京瑞斯通印务发展有限公司
规　　格	184mm×260mm　16开本　11.25印张　206千字
版　　次	2020年11月第1版　2020年11月第1次印刷
印　　数	0001—1000册
定　　价	**68.00**元

《灌区农业用水量控一体化技术及管理模式》

编　委　会

主　编： 张晴雯　晏清洪

副主编： 展晓莹　王俊杰

编　委： 朱　洁　董月群　刘芳芳　张彦群　任贺靖
吴亚丽　肖美佳　殷　哲　徐景东　郭洪亮
王庆梅　李唐友　莫　彦　冯云强　冷启兴
陈位政　闫　鹏　宋庆波　罗　强　张　杰
石慧娟

前言

水资源是基础性的自然资源和重要的战略资源。我国是一个水资源严重短缺的国家，水资源供需矛盾突出仍然是可持续发展的主要瓶颈。农业是用水大户，近年来农业用水量约占经济社会用水总量的62%，部分地区高达90%以上，农业用水效率不高，节水潜力很大。

近年来，党中央、国务院高度重视农业用水管理工作，农业用水管理是我国实施最严格水资源管理制度的重要内容。农业用水计量监控工作是实现农业用水有效监管的基础，可为农业用水实行最严格水资源管理提供基础数据和技术支持。农业用水计量监控设施不完善、农业用水计量监控技术落后，对农业用水进行有效管理就缺少最基本的支撑。目前我国普遍缺乏支撑农业用水管理的基础设施条件和现代计量监控技术，研究适应新形势、新需求的农业用水管理的农业用水计量监控技术是非常有必要的。农业水资源计量监控一体化技术是对传感器技术、计算机技术、自动控制技术、网络传输技术等现代信息技术的集成，不仅提供了准确、及时、稳定的用水计量监测数据，而且把农业用水计量监测数据直接应用于农业用水管理过程参数的控制，避免了中间数据传递环节的失真和滞后，以最短路径形成控制闭环，从而真正发挥了计量在农业用水管理中的作用。农业水资源计量监控一体化技术可为实现农业用水总量控制，实施农业用水定额管理，明晰农业水权，推进农业水价综合改革提供基础支撑。

本书是在国家科技重大专项水体污染与治理重大专项海河下游多水源灌排交互条件下农业排水污染控制技术集成与流域示范课题（2015ZX07203－007）、中国农业科学院“农业清洁流域”科技创新工程，水资源管理、节约与保护项目“基于计量监控一体化技术的农业用水管理制度体系建设”，中央分成水资源费项目“农业计划用水方案编制与管理制度研究”等课题的支持下完成的。本书梳理了国内外农业用水计量监控和农业用水管理现状与问题，构建了灌区农业用水计量的监测体系与农业用水效率的评价体系，研发了灌区水源与输配水计量监控一体化的关键技术，在分析了计量监控一体化技术对农业用水管理的基础上提出了灌区农业用水管理制度体系。并针对海河下游、宁蒙灌区农田在用水计量监控与管理方面存在的具体问题，分别提出用水计量监控一体化的管理模式。

基于用水计量监控一体化技术的农业水资源管理制度体系建设是加强和完善农业用水管理的一项新任务和新挑战，开展相关课题研究具有一定的难度。受研究水平和时间所限，研究成果还有许多不足之处，敬请批评指正。

作者

2020年8月

目录

第1章 绪论

1.1 我国农业用水现状

水资源是基础性的自然资源和重要的战略资源。我国是一个水资源严重短缺的国家，水资源供需矛盾突出仍然是可持续发展的主要瓶颈。农业是我国国民经济的基础，而水利是农业的命脉。与工业、生活用水相比，农业仍是我国第一用水大户。根据《2019年中国水资源公报》，2019年全国总用水量6021.2亿m^3，其中农业用水量为3682.3亿m^3，占全国经济社会用水总量的61.2%，部分地区高达90%以上，见图1-1。近年来，由于现代化和城镇化进程不断加快，工业、生活和生态用水需求不断增加，农业用水比重明显下降，尤其是在经济发达但水资源紧张地区，农业用水被挤占现象越来越严重，行业争水问题非常突出。

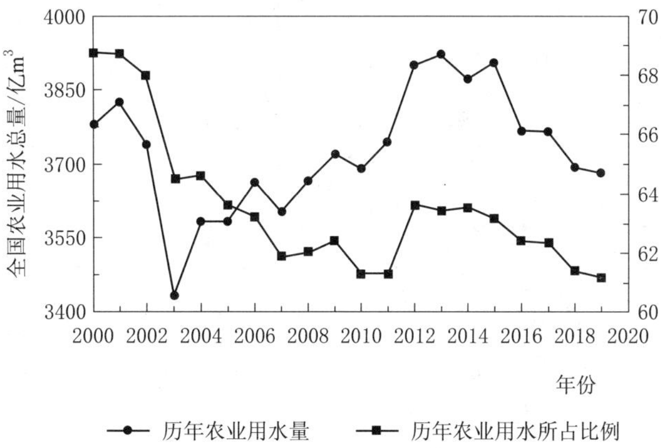

图1-1 我国历年农业用水量变化和农业用水所占比重变化图

就农业用水本身而言，水资源供需矛盾也非常突出。农业用水量的90%用于种植业灌溉，其余用于林业、牧业、渔业以及农村饮水等。

中华人民共和国成立之初，我国的农田水利设施十分薄弱，仅有22座大中型灌溉水库，2.4亿亩的灌溉面积根本无法抵御频发的自然灾害，粮食安全得不到有力保障。经过多年来的发展，截至2018年年底，全国灌溉面积7574.2万hm^2，其中耕地灌溉面积6827.2万hm^2，占全国耕地面积的50.7%。我国已建成设计灌溉面积大于2000亩及以上的灌区共22873处，耕地灌溉面积为3775.2万hm^2。其中50万亩以上灌区为175处，耕地灌溉面积为1239.9万hm^2；30万～50万亩大型灌区286处，耕地灌溉面积540.0万hm^2。我国仍有大量耕地为雨养农业，农业灌溉用水缺口巨大。与此同时，我国农田灌溉水有效利用系数达0.55，农业用水效率仍然较低，浪费问题普遍存在，造成水资源供需矛盾进一步加剧。因此，如何有效开展灌区农业用水计量监控管理工作，从而促进灌区农业用水效率提高，是目前水资源管理工作的重要研究内容。

1.2 灌区用水计量监测现状

通过实地调研结合统计资料查阅，目前全国大中型灌区（含捆绑大型灌区）农业灌溉用水最主要的量测方式为人工观测，自动化观测程度较低，人工观测设施所占比例达到90%以上。渠首自动化观测程度最高，所占比例在20%左右。

1.2.1 大型灌区用水计量监控现状

1. 水设施数量

现有量水设施总数约28万处，其中人工观测约26万处，占比94%，自动观测约2万处，占比6%。渠首自动化观测程度最高，渠首现有1347处量水设施，其中392处自动观测，占29%。全国大型灌区量水设施处数见表1-1。落实量水设施管护经费6亿元。

表1-1　全国大型灌区量水设施处数

项目		总数量/处	人工观测		自动观测	
			数量/处	占比/%	数量/处	占比/%
合计		279536	262791	94	16745	6
渠首		1347	955	71	392	29
渠系	小计	142226	130576	92	11650	8
	干渠	18868	16586	88	2282	12
	支渠	39426	35355	90	4071	10
	斗渠	83932	78635	94	5297	6
田间		135963	131260	97	703	3

2. 主要量水方法

全国大型灌区主要量水方法有：流速仪法、标准断面法、建筑物法、堰槽法、仪表法、其他方法。其他方法主要有：用电推算法、浮标法、水尺法、电磁明渠流量计法、利用上下游水位计闸门开度测算法、计算法、涵洞量水法、机井水表法等。渠首测量方法以流速仪法、标准断面法、建筑物法为主，分别占所有方法的27%、28%、22%。渠系量水方法以流速仪法、标准断面法、建筑物法为主，占比均在20%左右。田间以堰槽、其他方法为主，分别占25%、26%。全国大型灌区量水方法情况见表1-2。

表1-2　　全国大型灌区量水方法

项目		流速仪法		标准断面法		建筑物法		堰槽法		仪表法		其他方法	
		数量/处	占比/%	数量/处	占比/%	数量/处	占比/%	数量/处	占比/%	数量/处	占比/%	数量/处	占比/%
合计		43926	16	38431	14	53950	19	61146	22	26435	9	55828	20
渠首		369	27	377	28	298	22	69	5	160	12	88	7
渠系	小计	31885	22	25367	18	32163	23	26893	19	5932	4	19774	14
	干渠	3751	20	3927	21	4975	26	2127	11	1166	6	2842	15
	支渠	12434	32	6508	17	11308	29	3871	10	1946	5	3315	8
	斗渠	15700	19	14932	18	15880	19	20895	25	2820	3	13617	16
田间		11672	9	12687	9	21489	16	34184	25	20343	15	35966	26

1.2.2 中型灌区用水计量监控现状

1. 量水设施数量

目前，全国中型灌区农业灌溉用水最主要的量测方式为人工观测，自动化观测程度较低。现有量水设施总数约11万处，其中人工观测约10万处，占比91%，自动观测约1万处，占比9%。渠首自动化观测程度最高，渠首现有4318处量水设施，其中703处自动观测，占16%。全国中型灌区量水设施处数见表1-3。

表1-3　　全国中型灌区量水设施处数

项目		总数量/处	人工观测		自动观测	
			数量/处	占比/%	数量/处	占比/%
合计		108950	99154	91	9796	9
渠首		4318	3615	84	703	16
渠系	小计	47907	43587	91	4320	9
	干渠	10911	10004	92	907	8
	支渠	15426	13853	90	1573	10
	斗渠	21569	19729	91	1840	9
田间		56725	51952	92	4774	8

2. 主要量水方法

全国中型灌区主要量水方法有：流速仪法、标准断面法、建筑物法、堰槽法、仪表法、其他方法。其他方法主要有：用电推算法、浮标法、水尺法、电磁明渠流量计法、利用上下游水位计闸门开度测算法、计算法、涵洞量水法、机井水表法等。渠首量水方法以标准断面、建筑物为主，分别占所有方法的25%、21%。渠系量水方法以标准断面、建筑物、堰槽为主，占比均在20%左右。田间以建筑物、仪表方法为主，分别占40%、42%，见图1-2。灌区设施设备见图1-3。全国中型灌区量水方法情况见表1-4。

(a) 利用水工建筑物法量水

(b) 利用堰槽量水

(c) 利用流速仪、超声波水位计量水

图1-2 灌区量水方法

（a）泵站

（b）水泵和引水渠

（c）水渠

（d）田间引水口

（e）田间出水口

（f）U形田间水渠

（g）室外智能机井灌溉装置

（h）室外智能机井灌溉装置

图 1-3 灌区设施设备图

表 1-4 全国中型灌区量水方法

项目		流速仪法		标准断面法		建筑物法		堰槽法		仪表法		其他方法	
		数量/处	占比/%	数量/处	占比/%	数量/处	占比/%	数量/处	占比/%	数量/处	占比/%	数量/处	占比/%
合计		8617	8	16531	15	35372	32	19703	18	32126	29	8813	8
渠首		755	17	1075	25	903	21	500	12	662	15	469	11
渠系	小计	6515	14	12362	26	11531	24	10102	21	7529	16	3034	6
	干渠	1745	16	2289	21	2847	26	2409	22	788	7	820	8
	支渠	2714	18	4203	27	3477	23	2971	19	2336	15	986	6
	斗渠	2055	10	5870	27	5208	24	4722	22	4405	20	1228	6
田间		1347	2	3093	5	22938	40	9101	16	23935	42	5310	9

1.2.3 小型灌区用水计量监控现状

小型灌区调查范围包括地面灌溉和机电提水灌溉两部分内容。小型灌区已建量水设施总数为68万处，其中地面灌溉量水设施为8万处，机井计量设施为60万处。

根据上述资料可知，目前，我国农业用水计量监控基础设施建设落后。而用水计量是合理调配、高效利用水资源的基础。为切实贯彻落实习近平总书记关于保障水安全的重要讲话和“节水优先、空间均衡、系统治理、两手发力”的治水思路，国家“十三五”规划纲要中强化水安全保障，明确提出“要加快完善水利基础设施网络，推进水资源科学开发、合理调配、节约使用、高效利用，全面提升水安全保障能力”。“十三五”水利发展规划中也高度重视大中型灌区用水计量工作，提出在“十三五”期间实现大型灌区和重点中型灌区农业灌溉用水计量率达到70%以上的目标。《国家水资源监控能力建设项目实施方案（2016—2018年）》也把大中型灌区用水的在线监测能力建设列为重要内容，其中具体目标是5万亩以上灌区渠首取水全部实现在线监测。

1.2.4 农业用水计量监控技术梳理

灌区量水设备和量水技术是实现计划用水和控制灌水质量的基本措施，是实行按方收费、促进节约用水的必要工具和手段。量水虽然不是直接的节水措施，但它是灌区农业用水合理分配及采取高新节水措施的前提性工作，没有量水，就无法实现水资源的有偿使用，就无法衡量节水灌溉措施的成效。针对灌区不同的取水和输水方式，可选择的监测方式也有所不同。通常情况下，对于灌区渠首为渠道输水方式的应采用明渠（河道）型流量自动监测设备；对于管道输水方式的应采用管道型流量自动监测设备；对于部分泵站提水工程，如果出水口管道埋入地下比较深，或难以安装管道流量自动监测设备，亦可以根据泵站机组特性曲线推算流量，此种情况下只要监测泵站机组的功率，通过泵站效率曲线就可推算提水流量，但此种方法取得的流量精度较低，仅适合在难以采用其他监测方式时使用。

1. 明渠流量自动监测设备

目前常用的明渠（河道）在线流量监测的方法主要有以下几种：

（1）超声波时差法。超声波时差法是利用超声波换能器测量 2 个换能器之间超声波传播的历时差实时监测流体流速，进而计算明渠渠道的过水流量。

（2）H－ADCP 法。H－ADCP 是水平式声学多普勒流速剖面仪，是利用声学多普勒流速剖面仪测量水体中颗粒物的运动速度，以其代表流层的流速，进而推算得到断面流量。

（3）水工建筑物测流法。水工建筑物测流法是利用河、渠、湖、库上已有的水工泄水建筑物，通过实测水头（水头差）、闸门开启高度等水力因素，经率定分析或利用经验公式确定流量或效率系数，用水力学公式计算流量的一种测流方法。

（4）比降面积法。比降面积法是根据选定的比降观测渠段的断面平均面积和水面比降，以及根据渠段特征、渠道衬砌的糙率等因素，用水力学公式计算观测渠段瞬时流量的方法。

（5）堰槽法。堰槽法是采用专门制造或现场制作的测流堰槽，根据过堰水流的水位，通过水力学公式计算出通过堰槽的流量。

可用于明渠（河道）在线流量监测的各类方法具体应用场景及比选情况如图 1－3 所示。根据各种明渠在线流量监测方法的比选可知，超声波时差法和 H－ADCP 法的测验精度相对较高，但前期投资和后期维护的费用相对较高；水工建筑物测流法、比降面积法和堰槽法的前期投资较小，后期维护方便，费用较低，但堰槽法的适用场景相对受限。

综合我国当前经济发展水平和农业灌区管理现状，对农业地表水源灌区渠首明渠方式的取水口计量设施进行方案设计时，在对取用水计量精度要求不是很高的情况下，建议对具备适用场景的灌区渠首计量尽量选用水工建筑物测流法或比降面积法。两种测流方法对项目投资要求较少，且配套设施简单，安装方便，后期运维费用较低，维护相对简单，对系统维护人员的技能要求相对较低，有利于灌区管理单位长久使用和运维。而且对于间歇性供水特征更加突出的北方灌区，需要在较长的非灌溉期将计量设施拆回保管，这两种方法由于传感器相对简单，易于管理单位的养护和拆装。当然，在有较好土建配套建设条件的地方，堰槽法测流可获得更高的测验精度。

2. 管道流量自动监测设备

目前常见的管道在线流量监测传感器主要有以下几种：

（1）声学时差法管道流量计。声学时差法管道流量计是利用超声波换能器测量2个换能器之间超声波传播的时间差测量流量的仪表。

（2）声学多普勒管道流量计。声学多普勒管道流量计和时差法管道流量计均属于超声波管道流量计。声学多普勒管道流量计应用多普勒原理测量管道内的流速分布，由测得流速推求管道内平均流速，再根据管道内径推算流量。

（3）电磁管道流量计。电磁管道流量计应用法拉第电磁感应原理测量管道中水流平均速度，由管道内径推算流量。

（4）电子远传水表。电子远传水表是在冷水水表（基表）的基础上，增加水流量信号的机电转换和信号处理单元，构成电子远传水表。具有数据与信息存储、信号远程传输等功能，可用于水量的自动监测。

（5）涡街流量计。涡街流量计是根据卡门涡街的流体振荡原理，通过测量旋涡频率计算出流过旋涡发生体的流体的平均速度，进而根据管道内径计算流量。

根据各种用于管道的在线测流传感器的应用场景比选，可得到以下结论：

（1）在小管径测流中，尽管涡街流量计测量范围宽且有较高测量精度，但是对安装现场的环境要求比较苛刻，而农业灌区的水中杂质较多，时常会夹带水草，因此不适用于农业灌区的管道测流。

（2）对于农业灌区渠首涵管方式的取水口，当管道直径小于300mm时，宜采用电子远传水表测流；当管道直径大于等于300mm时，宜采用电磁或超声波流量计测流。

（3）在对农业地表水源灌区渠首涵管方式的取水口计量设施做方案设计时，对于项目投资较少、涵管直径较大，且对测量准确度要求不高的情况，建议使用超声波流量计；在安装、维护资金充足，对测量准确度要求较高的情况，建议采用电磁流量计。

（4）对于一些建设年代比较早的灌区，涵管的管道老旧、结垢、材质疏松、导声不良，或者锈蚀严重，存在衬里和管道内空间有间隙等情况，如果采用外夹式超声波流量计测量，会导致超声波信号衰减严重，将无法正常测量；而管段式或插入式超声波流量计相比外夹式超声波流量计的测量精度和稳定性更高，因此，建议采用管段式或插入式超声波流量计。

1.2.5 信息化建设

我国从20世纪70年代初就开始进行农业灌区自动控制技术的研发，并对自动计量、自动预测预报进行了相关探索。如以湖南韶山、河南人民胜利渠等为代表的闸门自动控制系统，以及 20 世纪 80 年代后期以甘肃景电等为代表的泵站自动调度系统。此外，多数灌区都曾建过自己的通信系统，如早期多数灌区都建过的专线电话、陕西泾惠渠的无线对讲机群，以及后来宁夏青铜峡的数字微波等。这些研究实际就是早期灌区信息化的雏形，这些技术的应用对当时的灌区管理调度发挥了重要作用，有些系统一直应用到现在。目前，湖南韶山灌区结合大型灌区续建配套与节水改造项目的实施，研制开发了一系列适合国情的产品，灌区已基本实现实时监测水位、远程遥控闸门以及利用太阳能遥控启闭闸门和联网调度。河套灌区研究开发的农业用水精量化配置技术系统运行可靠，性能稳定，基本实现了“无人值守，少人值班”。山西夹马口灌区通过建立灌区水费征收管理系统，大力推进以水务公开为主要内容的“阳光工程”，大大提高了灌区的管理水平和工作效率。

1.3 灌区用水效率评价现状

将水从水源输送到农田到被作物吸收利用，并转化为生物量及产量，主要涉及输配水过程、灌水过程、作物吸水及产量形成过程。相应的 3 个过程的用水效率分别为渠系水利用系数（输配水效率）、田间水利用系数（农田灌水效率）和作物水分利用效率，其中前 2 个过程的效率通常统称为灌溉水利用系数（灌溉效率）。这些效率指标是各种农业用水效率指标中最常用的指标。农业用水效率的评价指标体系还在形成和完善当中，目前学者研究较多的主要有农业水资源利用效率评价、灌溉用水效率评价等，而指标以单项指标或单项指标群为主，如万元 GDP 用水量、单位资源所形成的产量等。徐勇（2001）选取了农业水分利用率、生物经济指数、土壤生产衰减度、土地生产率等作为农业资源高效利用的评价指标；封志明等（2005）在农业水资源利用效率综合评估中，建立了一个相对比较全面的指标体系，其中包含了降水效率、总水分生产率、水资源潜力利用率、灌溉效率、农田耗需水比例、农田水分盈亏率、农田水分利用率等指标；陈素景等（2007）采用人均耗水量、万元 GDP 耗水量等指标，分析了不同时段不同地区的节水潜力；徐强等（2007）等采用万元农业增加值用水量、万元工业增加值用水量、万元 GDP 用水量等指标评价了宁波市的用水效率及变化规律。现有的研究成果大多侧重于用水效率某一方面的评价，例如单纯从物理消耗角度或效益产出角度出发，所采用的评价指标体系也不够全面，几乎没有涉及对生态环境的考虑，更缺乏对可持续发展的考虑。

目前应用于资源评估领域的方法主要有常规趋势法、模糊综合评估法、主成分分析法、目标决策分析、投影寻踪评估模型、模糊数学评估法、人工神经网络模型等。

对于农业用水效率的评价，靳京等（2005）对生产函数法、比值分析法、包络分析法、能量效率分析及因子—能量评估模型等方法进行了比较研究；封志明等（2005）采用基于遗传算法的投影寻踪模型对农业水资源的利用效率进行了综合评价；刘渝等（2007）运用DEA方法对湖北省17个市、州的农业水资源利用效率进行了评价。对于工业用水效率的评价，朱启荣（2007）采用基尼系数计算了中国30个省（自治区、直辖市）工业水资源的配置效率；孙爱军（2007）采用随机前沿生产函数计算了工业用水的技术效率。

Mo X，et al.（2005）对比了农业用水效率的差异，并认为农业用水效率受地理因素影响，呈现出很强的地理特征；王学渊等（2008）分析了中国农业用水效率的主要影响因素包括农业生产布局、农田水利设施、供水方式与价格等，并认为在其他投入保持不变的情况下，中国农业用水尚有50%的节约空间。

总体说来，农业用水效率的提高是一个动态的、不断发展的过程，不同灌区的自然、经济等具体情况不同，用水方式及效率也不同，目前，尚未形成一套完整的、通用的评价体系，而农业用水效率评价是提高农业用水效率的前提，做好农业用水效率的评价是更好地实施最严格水资源管理制度的先决条件。

1.4 灌区用水管理现状

灌区计划用水管理是灌区充分利用水资源、扩大灌溉面积、改良土壤、发挥灌溉效益的重要途径之一。为深入了解我国不同地区灌区的计划用水管理现状，分析存在问题，研究解决对策，进一步提高灌区的管理水平，课题组分为2个调研组，选取我国南方水田区和北方旱田区两个不同类型的灌区于2015年7—9月进行了实地考察与调研。调研组采取听取地方主管部门汇报、实地考察、座谈交流等方式，了解相关省区大中型灌区的农业用水管理情况，并针对大中型灌区用水管理中的突出问题，与灌区管理单位负责人、工程技术人员、农民用水户进行座谈。通过调研，课题组获得了灌区用水计划方案编制与执行以及灌溉用水管理等方面的相关资料，为计划用水方案编制与管理制度的研究奠定了可靠的数据资料基础。此次调研包括河北、山东、山西、陕西、内蒙古、湖南、广西7个省（自治区）的石津、潘庄、河套、韶山、铁山等13个大型灌区，课题组对各灌区的信息资料进行了汇总与分析。

1.4.1 灌区农业用水定额管理现状

1. 定额编制情况

灌溉用水定额是某一作物单位面积灌溉用水量，它是水资源利用和管理方面的重要技术指标，主要表征和衡量灌溉用水过程中的合理性、先进性、可比性。编制和实施农业灌溉用水定额标准，不仅是高效精准灌溉的需要，也是保证农业灌溉基本用水、实现粮食安全的技术依据，对实行计划用水、强化节约用水、提高灌溉用水的利用效率和水分生产率具有十分重要的意义。

早在20世纪80年代初，灌溉管理部门通过总结20世纪70年代的灌溉试验资料和群众丰产灌溉的调查资料，首次推出了全国三个灌溉地带（常年灌溉地带、不稳定灌溉地带、南方水稻灌溉地带）主要作物需求型灌溉用水净定额，同时在北方地区建立灌溉实验站。进入20世纪90年代，由于北方地区干旱，水资源供需矛盾突出，灌溉管理部门再次组织有关科研单位，在20世纪80年代灌溉试验成果的基础上，编制了中国主要作物需水量，并进一步研究了各类主要作物的常规灌溉制度和经济灌溉制度。20世纪90年代中后期，随着生态环境的恶化，灌溉供水已无法充分满足作物需水的要求，海河流域率先推出了主要作物节水型灌溉用水净定额。21世纪初，为加强农业用水管理，提高灌溉水的利用效率和效益，根据新《中华人民共和国水法》的要求和中央新时期治水方针，开始了全国主要作物灌溉用水定额的编制工作，初步提出了全国193种作物的灌溉用水定额。

农业用水定额的编制是用水领域中的重要内容，它涉及面广，工作量较大，技术性较强，是一项既传统又需要新技术体系支持的工作，由于农业具有区域性及影响因素较多等特点，目前尚未有统一的方法和模式分析确定。灌溉用水定额通常由各有关部门分头编制，由于各部门编制的目标、分析计算方法和采用的资料不一致，所编制出来的灌溉用水定额存在很大差异。目前，我国基本上已形成3种不同内涵的灌溉用水定额成果，即需求型灌溉用水定额、规划型灌溉用水定额、统计型灌溉用水定额。

为使各地制定的灌溉用水定额成果便于统计分析和比较，水利部起草并发布了GB/T 29404—2012《灌溉用水定额编制导则》，对灌溉用水定额编制流程、编制方法及成果报告的编制进行了规定。为实行“总量控制，定额管理”的水资源管理制度，目前已有29个省（自治区、直辖市）编制并发布了用水定额标准。根据水资源管理的需要，现阶段各省（自治区、直辖市）制定的农业用水定额主要应用于水资源规划、农业灌溉计划用水管理、农业相关建设项目水资源论证、取水许可管理、农业节水管理、总量控制和水量分配等几个方面。

2. 定额应用与管理情况

灌溉用水定额是指导农田灌水工作的重要依据，也是制定灌区水利规划、设计灌溉工程、编制灌区用水计划的基本资料。借鉴国内外开展农业用水管理的先进经验，我国大中型灌区多从2个方面着手推进定额管理：一是实施计量管理，在支渠口修建量水设施，从源头上对灌溉水量进行计量控制；二是建立节水激励制度，有效调动试点管理人员的积极性，通过经济激励达到加强灌溉用水管理、减少水量浪费的目的。从灌区调研资料来看，目前我国各省（自治区、直辖市）应用灌溉用水定额的程度各不相同。一些省份结合地区实际，研究出了本地灌区农业用水定额管理应用模式，如山东、内蒙古等地；一些省份对灌溉用水定额的应用效果进行评价，分析应用过程中存在的问题，并提出相应对策建议，如河北、陕西等地；其他省份虽然大多制定了灌溉用水定额，但推广应用效果不明显。

然而，从灌区实际情况来看，水资源管理使用过程中随意性问题普遍存在，由于缺乏合理和规范的农业灌溉用水定额指标或标准依据，许多水利设计单位在进行灌溉工程规划设计过程中，在农业灌溉定额技术确定方面，确实存在主观数据或凭经验感觉的问题，在灌区灌溉用水管理中，确实存在“大水大用，来多少水用多少”的普遍现象。我国大多数灌区存在缺失科学合理、符合实际、指导灌区的灌溉用水定额管理指标问题。多数水库、水利骨干供水工程具有较好的用水计量装置，但广大灌区灌溉用水计量设施条件较差，灌溉用水调配具有较大的任意性和盲目性。目前仍有一些灌区还无法进行计量灌溉用水，不能做到灌溉用水定额管理，农业用水仍按面积收费，由此在灌溉用水管理上，还难以真正调动农业用水户节约用水的积极性。

目前，我国农业灌溉用水定额应用效果不明显与管理缺失问题主要表现为以下几点：①用水定额编制与应用存在一定的偏差，一方面灌溉用水定额编制方法不统一，另一方面缺少作物灌溉用水综合定额指标，导致灌溉用水定额可操作性不强；②计划用水偏离实际，不能按照水文气象变化、田间水分状况及作物长势等及时调整灌溉用水定额，导致灌溉运行调度存在偏差；③配水监测不及时，计量设施不完备，直接影响用水计划的调整和实施；④水价机制不健全、节水激励制度不完善在一定程度上也阻碍了用水定额的应用。

1.4.2 灌区用水管理模式及用水计划编制

1. 灌区用水管理现状

目前，我国南方大多数灌区仍采用传统的灌溉用水管理模式，即在灌溉前期制定用水计划，主要是根据中长期预报的水文气象特征，结合以往的一些调度经验，初步确定全年农业灌溉用水计划。实际操作时，由各乡镇向灌区管理部门提出用水要求，经灌区管理部门同意后，基本按照各乡镇的需求放水灌溉。我国北方水库灌区的用水计划编制基本与南方水田区灌区的用水计划编制，采用“自下而上”的管理模式，一般制定三级配水计划。北方引黄灌区用水遵循“以供定需、总量控制，定额管理”的原则，引用水量主要取决于黄河水利委员会给各省市下达的当年可耗用水指标，依据指标及基层水管单位统计上报的供水需求，各省（自治区、直辖市）水利（水务）厅（局）统筹考虑各县（市、区）各地农业灌溉需求，制定各个干渠计划用水方案，各干渠再结合自身情况制定相应灌区的计划用水方案。

通过查阅文献资料和灌区实地调研发现，我国大多数灌区在水利部和当地政府的指导下，基本上都建立了一套适合当地的计划用水管理模式。如石津灌区实行“管理局—管理处—灌溉站（用水户协会）”模式的“三级管理，两级核算，三级测水、以亩配水、按量收费”的管理模式，灌区的用水管理采取专业管理为主，民主管理、群众参与管理相结合的管理体制。合浦灌区实行“灌区管理机构+县（区）水利局+乡镇水利站+村组（用水户协会）”的管理模式，灌区管理机构只负责枢纽工程管理、灌区用水总调配及主干渠的管理，其余支干渠由县（区）水利局及乡镇水利站管理，村组（用水户协会）负责斗毛渠工程的管理。

由于各个灌区作物种植结构、气候条件、土壤条件、耕作模式和灌溉技术的不同，我国不同地区的灌区各有一套用水计划的编制方法。目前，我国大多数灌区的计划用水方案都是基于灌区的历史用水记录进行编制的。如韶山灌区农业灌溉按照三级配水原则实施配水计划，灌区调度中心根据上一年农业灌溉情况，结合天气预测资料，制定出韶山灌区一级配水计划，各受益县（市、区）和各渠道管理所根据一级配水计划相应制定二级配水计划，各乡镇管理所根据局下达的二级配水计划制定三级配水计划。德州市引黄灌区用水计划根据“自下而上”上报编制，每年 6 月底到第二年 7 月初为一个引水年，各县（市）根据灌溉面积、作物种类等因素上报用水量，市水利局引黄办根据全市总用水指标，结合各县（市）的上报数额及其蓄水能力，将指标下放到各县（市），实现年度用水计划编报。

2. 灌区用水计划编制存在的问题

灌区用水计划的编制和实施在灌区起到了一定的节水效果，但是目前，我国灌区的用水计划编制及执行情况仍存在一定的问题，主要表现在以下几个方面：

（1）因受管理手段的束缚，大多数灌区在编制用水计划时，仍然用静态指标值编制。虽然考虑了作物的需水规律、工程运行状况、长期天气预报、基础水源、管理水平等客观因素，但由于受灌区范围大、降雨时空分布不均匀、工程运行的不可预见性、农事季节的差异等动态因素的影响，静态配水计划与实际发生的情况存在着差异，动态管理难以实现。灌溉调度决策只能根据历年经验进行计划管理，造成灌区供、用水矛盾突出，配水受用水牵制。在灌区大范围内弃水与缺水现象同时存在，若遇突发情况，水资源调配不能及时应变。

（2）我国大多数灌区为多功能水库灌区，作为主要灌溉水源的水库，承担着灌溉、发电、养殖、城市供水等多项任务。当乡镇有灌溉需求时，一般要经过水利员及管理站、管理处（局）等多级机构，最后由管理处（局）与其他用水部门进行协商，确定具体的灌溉计划。这样反复协调，可能导致灌溉时间延迟，耽误最佳灌溉时期，造成灌区作物减产。特别是当前各灌区都在积极调整种植结构，大力发展效益农业，而效益农业对灌溉时间的要求很严格，因为不能做到适时灌溉，就无法发挥出效益农业的优势，影响了农民种植的积极性。

（3）当前我国灌区的灌溉管理基本是“自下而上”的模式，即由“下面”（各乡镇）提出灌溉要求，管理部门根据下面的需求进行开闸放水。当“下面”认为不需要灌溉时，管理部门便关闸停止放水。由于基层水利员的专业水平参差不齐，往往不能根据实际情况提出正确的用水需求，而作为灌区管理部门对下面具体的灌溉水量、放水时间也心中无数，只能按照“下面”的需求进行灌溉。这样，经常出现灌区内实际已无用水需求，而渠道仍在不停送水，从而造成水量的严重浪费。

1.4.3 灌区量水技术与设备应用现状

1. 灌区量水技术和方法

概括来讲，我国灌区量水常用的方法包括利用水工建筑物量水，利用特设的量水设施量水，利用流速仪量水，利用仪表类流量计量水，并且各种量水方法和设备都有其特定的适用范围和条件。

（1）利用水工建筑物量水。利用水工建筑物量水，其基本原理就是能量守恒原理，就是通过测量过流建筑物（如闸、涵、渡槽、倒虹吸等）的上、下游水位及闸门开度，研究观测水流流态，根据建筑物类型和出水口形式，选定流量系数，以及适当的流量公式，按照水力学原理推求出通过建筑物的流量和累计水量，见图1-4。

图1-4 利用渡槽、闸门量水

用作量水的水工建筑物必须符合以下几个条件：①建筑物本身要完整无损，无变形、漏水、淤积阻塞现象；②启闭闸门等调节设备，不漏水，无变形损坏等现象；

③要符合水力计算要求，水头损失不小于 5cm，水流呈潜流状时，其潜没度不少于 0.95。

利用水工建筑物量水的优点是可节省大量附加量水设备的费用，又可以减少因灌溉系统设置量水设施所产生的水头损失，量水简便易行，经济实惠。其缺点是流量系数需要通过人工测量来确定，测量精度不太高，同时现有的水工建筑物经多年运行老化、破损严重，不能符合利用建筑物量水的条件。

水工建筑物量水适用于建筑物配套标准较高的渠首及干、支渠的量水，对于斗、农渠，由于建筑物标准较低，采用此方法会对量测精度造成很大影响，故一般较少采用，但在精度较高的前提下可以作为在线测流。

(2) 利用特设量水设施量水。特设量水设备一般是由行进渠槽、量水建筑物和下游段三部分组成，通过量水建筑物主体段过水断面的科学收缩，使得上、下游形成一定的落差水头，即可用公式、表格或关系曲线，得到较为稳定的水位与流量关系。按照结构形式，现有的特设量水设施主要有量水堰、量水槽和量水计三大类，见图 1-5。

(a) 利用量水堰量水　　(b) 利用量水槽量水

图 1-5　利用量水堰、量水槽量水

灌区特设量水设备一般多应用于斗、农渠系，其优点是量水精度较高，可减轻测流工作量，但其不可避免地会带来一定的水头损失。另外，不同形式量水设备的测量精度、测量范围、抗干扰能力差异很大，因此，应该根据灌区的具体情况和对量水精度的不同要求以及具体边界条件，选择不同的特设设备。在选择特设量水设备时应考虑以下几点：①水头损失尽可能小，不妨碍渠道加大流量的通过；②观测计算方便；③在渠道通过允许输沙能力的流量时，量水不受影响；④设备费用及维护费用少。

特设量水设备一般在没有水工建筑物或现有水工建筑物不能用以计量，或是要求的量水精度超过水工建筑物量水能达到的精度时，可采用。当渠系上水工建筑物不能满足量水的需要，或为取得特定渠段、地段的量水资料时，也可以利用特设量水设备进行量水。

(3) 利用流速仪量水。流速仪测流精度高，但测流过程及计算流量均较费时、繁琐。故一般在无水工建筑物和特设量水设备时才会考虑用流速仪测流，通常用流速仪对建筑物和特设量水设备进行流量校核，见图1-6。其测流原理是利用水流对仪器的转子产生的力矩而使其旋转，用转子的转速间接反映水的流速，其中转子的转速和水的流速呈线性关系，从而通过仪器方程公式及测流断面面积计算出渠道的流量。这种方法对测流断面的要求比较高，要求渠段平直、水流均匀、无漩流或回流，断面应与水流方向垂直，因此对大流量、宽断面、杂草多、水流含沙量大的灌溉渠道并不适宜。

图1-6 利用流速仪、超声波水位计量水

(4) 利用仪表类流量计量水。仪表类流量计是基于水力学原理测流的二次仪表，在安装、测读、计量、管理方面优点突出，近年来有较快的研究和发展。但其在性能、流量系数方面的研究不及经典的堰槽测流法成熟，而且设备价格较昂贵，量水范围亦不如建筑物和特设量水设施大，应用较多的是农用分流计和旋杯式流量计。农用分流计对上下游水流稳定条件及护砌段的要求不高，量水精度较高，测读简捷，灵敏度高，一般用于含沙量不太大的管道及斗农渠量水，已在多个省份推广使用，效果良好。旋杯式流量计是在平原灌区量水应用较多的新型量水设备，它安装使用简便、造价低、可连续测流，并能有效解决平原灌区渠道坡降平缓、含沙量高、漂浮物多、流量不稳定等技术难点。

2. 灌区量水技术应用现状

我国从20世纪50年代开始灌区量水技术的研究和应用，但由于受资金、技术的限制，20世纪50—60年代兴建的大中型灌区均未进行量水规划。直到1985年7月国务院发布《水利工程水费核订、计收和管理办法》后，灌区量水才引起了广泛重视，引发了灌区量水技术的第一个高潮，国内开始引进国外先进的量水技术，积极推动了量水工作的开展。20 世纪 90 年代以后对灌区用水进行计量的呼声越来越高，2002 年颁布的《中华人民共和国水法》中明确规定用水应当计量，并应按照批准的用水计划用水，实行计量收费，超定额累进加价。目前，我国大多数灌区应用的量水设备无论从种类还是规模上都发生了很大的变化，在适用性、精度等方面均得到逐步提高，在一定程度上提高了灌区的量水水平。

由于基础设施建设和资金投入等方面的限制，到目前为止，我国除少数设有研究项目的灌区外，绝大多数灌区只在骨干渠道上有一些简陋的量水设施，水量计量方式仍采用传统的人工模式，不仅量水精度低，量水设施不配套，而且信息处理更新不及时，使得有限的水量量测信息也不能发挥其应有的作用。如潘庄灌区现有水量观测站 15 处，其中潘庄引黄总干渠上设有 8 处，由德州市潘庄灌区管理局管理，灌区下游河道上设有 7 处县界测流站，由市水利局管理。李家岸灌区现有测水量水系统仅局限于总干渠地上部分，量水到县。韶山灌区也只是利用特设量水设备、水工建筑物等传统的量水方法及超声波流量计等少量仪表进行量水，量水技术比较落后。由于量水设施主要安装在灌区的取水口、干渠和部分支渠，而大量的斗渠、农渠和毛渠上极少安装量水设施，这就限制了末级渠系水量的计量，也就无法得知作物实际的需水量和耗水量，因而常常造成多灌现象，造成水量的大量浪费。

我国灌区众多，工程类型、管理水平、经济状况千差万别，对于量水设备的要求差异较大，现有的量水设备和技术与灌区实际需求仍有较大的差距。目前，我国大部分灌区的量水工作主要存在以下问题：

（1）灌区基础设施不配套。我国灌区大多是在 20 世纪 60—70 年代兴建的，规划设计不够周密，建设施工过程中普遍存在边勘察、边设计、边施工的“三边”现象，渠系标准不高、建筑物配套不全。现有灌区建筑物大多数运行时间都在 20～30 年以上，加之后期维护无法跟上，老化失修现象严重。在基础设施配套不全的情况下，量水设施更是寥寥无几，即使有也无法使用。

（2）量水设施精度不高。在灌区量水中，一般要求量水误差不超过±5%。目前使用的大部分量水设备都是在特定的流态和工况下，才能达到较高的精度，一旦流态改变或工作条件变化，量测精度就会降低。有些量水设施对施工要求较高，当施工质量达不到设计要求或运行期局部淤积时都会使量水精度显著下降。灌区量水设施精度不高，影响了灌区量水工作的推广和普及。

（3）经济实用的量水设施有待开发。长期以来在量水设施的开发研制方面过于强调量测精度，导致了量水设施成本费用较高、消耗的有效水头较大，未能从根本上解决量水过程中的性能价格比的问题。各科研单位和大专院校研制的各种新型的量测设备不是价格过高就是结构复杂，使用不方便，无法在灌区内普及应用。另外，在经济实用的量水设施的研制开发方面投入的资金和科研力量不足，使得我国量测水平长期停留在一个较低的水平，严重制约了灌区量水技术的发展。

1.4.4　灌区信息化建设情况分析

1. 灌区信息化建设内容

目前，国内外对灌区信息化的研究主要包括两个方面：一方面是硬件建设，包括流量、水位、墒情、作物长势等的信息监测设备，渠系建筑物的监控设备等；另一方面是软件建设，包括灌溉预报模型、渠系水流模拟、水费征收系统、办公自动化系统等。同样，我国灌区信息化建设的主要内容也包括硬件建设和软件建设两个方面，具体为：灌区数据库的建设、基础资料的数字化、信息采集系统的建设、通信系统、计算机网络系统、用水管理决策支持系统、渠系自动化系统、办公自动化系统、灌区信息共享和信息服务。

对于不同类型的灌区而言还会存在一些灌区的特殊问题，因此，灌区信息化建设还应考虑对一些特殊问题的处理措施。如对于有防洪任务的水库灌区而言，存在着信息化建设与水库防洪预报调度系统的衔接问题；对于提水灌区而言，存在着泵站的优化调度问题；对于盐碱化比较严重的灌区，存在着如何合理利用地表水和地下水，以合理降低地下水位，减轻盐渍化危害的问题；而对于地下水超采严重的灌区，又存在着如何合理用水，以维持良好的水生态问题；对于泥沙含量比较大的引水灌区，则存在着如何处理渠道淤积的严重问题等。

2. 灌区信息化管理存在的主要问题

虽然我国灌区信息化应用系统建设取得了一定成绩，但由于技术、经济等条件制约，加上当时原本就粗放的灌区自动化技术也一直停留在初期阶段，随着灌区信息化技术的高速发展，相对于国外发达国家而言，我国灌区管理能力相对滞后，灌区信息化建设工作还处于比较低的水平，面临着各方面的问题，主要表现在以下几个方面：

（1）信息采集、传输水平较低。目前，我国大部分灌区观测站的信息采集设施陈旧落后，信息采集主要靠人工，观测精度和时效性较差，不能满足指导灌溉的要求。灌区的信息传输手段单一，监测的水情、土壤墒情、作物长势等信息只能通过传输模拟信号的电话线作为媒介进行传输，时效性差。灌区信息化建设缺乏与科研院校和有技术实力的企业的相关合作，致使数学模拟仿真技术、GIS、GPS、RS等地理信息技术、数据库技术、多源信息同化技术等高新技术在信息化建设中没有真正发挥作用。

（2）缺乏统一的标准规范。目前，行业内存在许多信息系统开发的标准规范，但并没有针对灌区信息化建设的统一指南和标准，专用网络没有统一规划，也没有规定水利信息软件的统一结构，导致了各灌区信息化建设软件开发的重叠，甚至重叠的水平较低。不仅造成了灌区系统资源的浪费，同时严重阻碍了各灌区信息资源的共享，严重制约了水利信息应用水平的提高。

（3）重硬件、轻软件。灌区建设中存在重视硬件建设、轻视软件开发及推广应用的倾向。这种倾向导致灌区的硬件设备不能充分发挥作用，灌溉系统的操作及维护较为困难，水情、土壤墒情、作物长势等数据的整理、分析等工作还需要手工操作，没有真正减轻工作量。此外，这种倾向还使软件开发投入少，已经开发的软件推广应用不力，严重制约灌区信息化水平的提高。

（4）各灌区信息化系统之间接口困难。灌区系统之间的接口包括各子系统之间的接口和灌区系统与中央、流域、省级、市级和县级5个层次之间的接口。目前大多灌区已经建立了自己的局域网络系统，由于各个灌区的发展程度存在差异，各水利职能部门业务重点不同，各层次、各区域工程建设的规模、重点和实施时间、具体建设技术方案不同，各灌区局域网络系统之间的接口困难，同时也影响了信息的共享。

（5）信息化管理人才缺乏。部分灌区缺乏从事灌区信息化建设的专门技术人才，现有的管理人员技术水平较低，缺乏专业的管理维护，容易造成系统的落后，使建成的灌区信息系统无法充分发挥作用，直接影响了信息化的效益，容易造成使用者对信息化的不信任。

1.5　发达国家农业用水的经验借鉴

1.5.1　美国

美国幅员辽阔，地理、气候条件在不同地区差异明显。除西部大部分是干旱地区外，全国其他地区雨量充沛而且分布比较均匀，平均年降雨量为760mm。2000年美国农业用地为4.183亿hm^2，其中耕地面积约为1.79亿hm^2，人均0.62hm^2；耕地中可灌溉面积为1999万hm^2，其中1111万hm^2为沟灌，占灌溉面积的55.6%，喷灌和滴灌面积占灌溉面积的27%。

灌溉是美国西部经济发展的基础，而用水者参与灌排系统的运行和管理在美国有着较悠久的历史传统，距今已长达100多年。约100年前，加利福尼亚州议会颁布了一系列法律，规定灌区归用水户所有，并负责运行管理，应使灌区实现最大程度的经济自立。但在实际操作过程中，灌区从政府所有的水库或干渠买水时仍享受政府补贴，无法真正做到经济自立。

美国的灌区属非营利性组织，灌区的建设资金主要来自财政资金。工程立项前首先由受益地区用水者提出建设申请，由垦务局对可行性进行研究，认为可行后再报国会批准，安排资金。建设资金由联邦政府和州、市政府分担，其中联邦政府负担2/3。灌区在规划时非常注重水资源多目标综合开发利用，根据防洪、发电、供水、灌溉和保护生态环境等各项工程性质和效益情况，政府采用不同的投资政策。经营性的水力发电要还本付息，纯公益的防洪、保护环境和生物多样性建设所需投入以及运行管理费用全部由政府承担。兼有公益性和经营性的灌溉工程建设所需资金由政府借款，灌区通过水费和其他经营收入分年偿还，还款期限为40～50年，不计利息。借款未还清以前，灌区设施所有权归垦务局，还清借款后，产权移交给灌区。

美国各个灌区水费并无统一的标准，完全由自己核定。但原则上水费要补偿包括折旧（归还贷款）在内的全部成本。但实际上农业水费往往做不到按成本计收。解决农业水费无法偿还借款问题的出路是用灌区发电和城市供水等经营收入弥补。如果还不足以偿还借款，则通过地方议会专门立法，向当地居民征收财产税来解决。

案例分析：

加利福尼亚州南端的考契拉灌区，当地年降水量不足100mm，灌溉面积2.4万hm^2。1918年依据加州县级水管理区法律规定，动工兴建该灌区并组建灌区管理组织，其性质属非营利、非政府的公共组织，宗旨是管好用好本区水资源，开拓新水源。业务内容包括灌溉、城市工业和居民生活供水、防洪、农田排水、节水等。它与政府水行政主管部门没有隶属关系，完全自主管理。灌区最高权力机构为5人组成的理事会，由用水户选举产生，任期4年，每两年换一半成员，理事会成员不在灌区领取报酬。理事会聘用总经理及下属专职工作人员，负责灌区日常运行维护和管理。灌区接受公众监督，选举时还要接受外界监督，用水计划制定和水费标准充分征求用水户意见，配水情况和财务收支情况公布于众，公开透明。

1.5.2 法国

法国的水资源总量为1010亿m^3，人均水资源占有量为3300m^3。法国水管理的特点是由国家、流域管理委员会、水协会和地方水管理公司共同参与管理，除了灌溉硬件设施比较完备外，灌溉服务体系和管理体制也十分完善。在现有238万hm^2灌溉面积中，111万hm^2为现代灌溉面积，占总灌溉面积的47%；喷灌面积89hm^2，占现代灌溉面积的80%。

法国灌溉管理十分重视水资源的综合利用和效益的发挥，并严格遵守国家水法和在充分协商基础上制定的用水合同。法国灌溉用水管理有以下三种模式：

（1）协作管理模式。用水户组成用水协会，协会统一使用和管理所有的灌溉设备、设施，以及维修和更新。协会章程中对如何使用和管理做出了明确的规定。协会的平均规模是每个协会有 75 个成员和 250hm^2 灌溉农田。目前在法国南部有 1/3 灌溉农田采用了这种管理模式。

（2）区域开发公司管理模式。该模式适用于规模较大的灌溉地区。区域开发公司是为了开发法国南部而设立的，由开发公司管理灌区内的灌溉设备，并为灌区内的农户提供灌溉用水。全国现有 5 个区域开发公司，其中 3 个公司直接管理了 27.5 万 hm^2 灌溉农田的设备，并为由用水协会和单个农场管理的 9 万 hm^2 灌溉农田供水。

（3）单个灌溉工程管理模式。该模式是农户自给自足的灌溉管理方式。农户依靠建立在自己农场内的小水库或地下水，或直接从河流引水灌溉，而不与其他农户或机构发生直接的关系。法国有 120hm^2 灌溉农田采用这种管理模式。

案例分析：

法国的 Gascogne 河流域管理公司是一家半公有性质的股份制公司，其股东包括国家及当地政府（占 69%股份），银行和用水户（31%）。公司董事会由 19 人组成，其中 13 人为政府部门官员，3 人为银行代表，另外 3 人为农户代表。经过 45 年的发展，该公司目前已经成为法国实施公私合作参与式灌溉管理最成功的企业之一。

（1）灌溉水综合管理。法国的灌溉季节是从每年的 6—9 月。上一年的年底，公司根据下一年的气象预报通过模拟系统预测来年的降水量，并结合本年度实际灌溉用水量，与流域管理办公室签订取水合同。之后，公司与用水户签订用水合同。如果用水户需要增加用水配额，可直接向管理办公室申请，办公室经与公司磋商后决定是否增加其配额。

进入灌溉季节后，公司通过先进的中央模拟控制和远程控制系统，根据自然降水量科学调节 6 万 hm^2 耕地的灌溉水量。而在每个农户的取水口处，均有量水设施对用水量进行计量。同时，公司斥资修建若干泵站和购置灌溉机械（如喷灌机和滴灌设备），向用水农户提供有偿灌溉服务。

除了提供农业灌溉用水之外，公司还要保质保量地向周边城镇 25 万居民和工厂提供生活和生产用水，以及保证河流的生态用水。一旦出现预料之外的干旱情况，公司必须首先保证生活、生产和生态用水，压缩灌溉用水。当然，用水计划的调整也必须经过三方的协商一致。在保证供水的同时，公司有权向所有的用水户按计量用水量收取水费，所收取的水费全部留为己用。

（2）灌溉设施维护。公司除了与政府和管理办公室签订取水合同外，还要签订基础设施的管护合同，包括水库的除险加固、主干渠网络的维护疏浚等。这些工程的费用都由公司所收的水费（每立方米约 0.15 欧元）和其他收入中开支，国家不再给予补贴。由于公司员工绝大多数是水利和农业方面的专家，因此他们也能够从一开始就参与到政府的水利工程项目的设计、施工工程中去，提供专业化的咨询服务。这对灌溉工程设施的科学性和合理性，以及今后的可持续运行起到了很大的作用。

（3）专业化服务。灌溉管理公司在原则上是代替政府履行灌溉管理的职能，因此它应是非盈利性的。即不以盈利为最终目的，经营的利润主要用于员工的工资和奖金，企业基本上处于收支平衡状态。企业每年必须公开其财务状况，因此如果其盈利过高，在来年签订用水合同时，用水户组织将要求其降低水价。为了弥补资金上的缺口，公司需要向社会提供各类专业化服务。如水利和水文地理调查，水资源管理，对地表、地下水的动态实时管理，大坝设计和监控，水库及灌溉网络的运行、维护和管理，灌溉培训等。据统计，Gascogne 河流域管理公司平均一年 4000 万欧元的营业额中，各类灌溉服务和工程服务的收入占到了 80%。

1.5.3　日本

日本经济实力强，灌溉工程设施完备，长期以来形成一套比较完整的灌溉管理制度。但这种管理方式并不是把管理权全部移交给用水户，仍然是政府机构指导下的管理方式。管理人员和用水户的素质比较高。对整个运行管理，特别是费用问题已形成一定的投资机制，加上良好的管理组织和工作程序，使得灌区管理工作有章可循，绩效显著。日本的灌区管理特点具体体现在以下几个方面：

（1）日本对农业发展很重视，在对原有水利工程不断进行大规模更新改造的同时，以土地改良区（LID）为基点，组织农户参与灌溉管理，并有一定的法律保障体系，这是日本 LID 发展的基础。

（2）日本的灌区管理分工明确，骨干工程以国家为主，对支渠及以下灌溉工程按渠系（水系）和地域划分为很多区，分别成立 LID。LID 由用水户民主产生理事会和确定管理机构、人员，并按管理规模、任务合理配置。因此管理人员稳定，技术素质高，工作效率高。LID 既做好辖区的各种灌溉管理，又在政府农业开发计划的指导下，组织用水户参加灌溉工程的改造和维护。LID 的工作灵活、广泛，内容包括培训、技术革新等，并以良好的信息服务赢得了用水户对 LID 的支持。

（3）充分发挥用水户的监管作用。用水户对 LID 的有关工作有充分的发言权。在需要较大资金投入时，政府也要征求用水户的意见，即新项目的实施首先要有用水户的同意和支持。用水户对 LID 的民主监督，既保证了 LID 的工作质量，又控制了工程建设和管理费用。

（4）政府与 LID 有着密切的合作关系，各部门对 LID 进行协调和帮助，对水利工程建设给予适当财政补助或贷款。LID 自身的工作还得到农业支持体系的全面帮助，如育种、育苗、施肥等的服务，使 LID 的工作效果更为显著。

（5）为了便于协调和交流，LID 按区域成立协会，并组成全国的联合会。政府随着用水户参与的深入，逐渐把管理职能移交给用水户。

案例分析：

日本栖木县那须野原土地改良区联合体由 14 个土地改良区组成，承担着农田灌溉和城乡生活供水任务。联合体由用水户选举产生的 56 个代表组成最高决策机构　总代会，下设由 27 名理事组成的执行机构——理事会，另有 5 人组成的监事会。具体办事机构——土地改良区事务所由 12 人组成，只有他们能够领取报酬，而理事、监事等其他人均无偿服务。联合体提倡义务劳动精神，清除杂草、清洁维护等日常维护工作由用水户义务劳动完成。灌区实现了实时监测和自动控制。

为减轻农民负担，土地改良区工程运行维护费的 20％由政府补贴。农业水费按面积计收，视水田、旱田用水量多少而有别，约合人民币 23～130 元/亩。灌区向附近城乡居民生活供水的水价由受益地区各有关单位代表协商确定，约合人民币 12 元/m^3。

1.5.4 墨西哥

墨西哥国土辽阔，面积大约为 200 万 km^2。其中有 75％以上的国土为干旱和半干旱土地，在超过 40％的国土上，每年的降雨量在 500mm 以下。就整个农业生产而言，灌溉发挥着至关重要的作用。在农业部门内部，灌溉土地产值贡献了全部农业产值的 50％左右，并且大约有 70％的农业出口由灌溉土地产出。灌溉土地的生产力是靠雨水耕种的土地的 2.3 倍，而灌溉土地的农业产值是靠雨水耕种土地的 3.2 倍。

1926—1934 年，墨西哥建立了全国最大的公共灌溉地区。到 1960 年，其灌溉土地面积达到了 430 万 hm^2。灌区灌溉体系由政府的灌溉机构进行管理和运营，而水利设施的使用者则很少参与这个体系的运转和维护活动。

灌溉地区的管理费用、运营和维护费用最初由政府和农民共同承担，后者通过缴纳水费来承担费用。随着时间的推移，水费在灌溉运营和维护费用中占的比例降低了，由 20 世纪 50 年代早期的 95％下降到 20 世纪 80 年代早期的 20％以下。由于资金短缺，灌溉地区的灌溉设施缺乏维护，导致了农业产量的下滑和基础设施的年久失修。为了解决这个问题，墨西哥政府从 1989 年开始进行灌区管理改革，其内容是将水资源的管理权从国家水资源委员会（CNA）转交给用水户协会。这项改革进行得非常迅速，到 1996 年底，全国 330 万 hm^2 的国有灌溉土地中，88％以上的水资源管理权被转交到联合管理机构。由用水户所缴纳的水费在1995年已经超过了1.8亿美元，不但维持着用水户协会的运转和维护，并且还维持着大部分灌溉工程设施的运转和维护。

墨西哥灌溉管理权的转移是围绕灌溉模块的创建而建立的，灌溉模块由用水户协会负责运营。国家水资源委员会将大部分的维护设备转让给了灌溉模块，灌溉模块就拥有了所需的设备来维护它们各自的沟渠和排水沟。对农民来说，获得灌溉维护设备是他们接受政府灌溉管理权转移计划的强烈动机。由于灌溉模块的运转完全依靠使用者支付的灌溉服务费用，如果使用者不支付他们的灌溉服务费用，那么灌溉模块就无法维持运转。所以，大部分灌溉模块的灌溉服务费用的收取率在100%左右。虽然自灌溉管理权转移以来水费对于生产的成本增加了，但其在总成本中所占的百分比依然在3%～8%的正常范围内。在灌溉管理权转移计划的实施下，墨西哥有292万hm^2的土地被转移给386个灌溉模块，创建了8个有限责任协会（SLR），这8个SLR覆盖了超过85.5万hm^2的灌溉土地。另外政府创建灌溉体系使用者协会（ANUR）将各个灌溉模块聚集在一起，起到沟通官方与模块，为这些灌溉模块获取银行贷款和技术援助的作用。

墨西哥灌溉管理权转移改革实施以来，成果显著。改革的实施使得这些灌溉地区拥有了更为稳定的财政形势。尤其是在1995年的金融危机中，当年墨西哥政府几乎没有向它的一系列代理机构（例如国家水资源委员会）提供灌溉体系的运营费用预算，完全由用水户提供的资金使各个灌溉模块正常运营。墨西哥目前所遇到的主要挑战是，怎样厘清用水者协会的合法水权，以及需要进一步开发水市场，提高水资源的利用效率。

1.5.5 以色列

以色列人口500多万，实控面积2.5万km^2。近2/3的土地为沙漠或半沙漠，年均降雨量不足200mm，北方雨稍多，南方降雨稀少，降雨集中在冬季，年蒸发量在2500mm以上，属夏季炎热的地中海气候。可利用的淡水资源总量仅16亿m^3，主要集中在北部约旦河和基内雷特湖，人均年占有水资源量为320m^3，是世界人均的1/33，是我国人均的1/7。水资源匮乏、气候干旱、降雨与光热不同期，给以色列经济，特别是农业发展带来极大的困难。但以色列非常重视提高农业灌溉效率，以色列所有的灌溉农田都采用了喷灌和滴灌等现代灌溉技术和自动控制技术，使灌溉水平均利用率达到90%。以色列的滴灌面积占其全部灌溉面积的2/3。在以色列，滴灌、喷灌设施遍布城市乡村，随处可见。无论是城市绿地、道路两旁绿化带、宾馆门前的花草，还是农村的大田、温室，到处都能看到一条条黑色或暗红色塑料管。在一片片沙漠里，灌溉的管道到哪里，哪里就出现生机勃勃的绿洲和现代化的城镇；而管道没到的地方，则仍然是荒凉的沙丘。以色列推广节水灌溉的主要做法如下。

1. 把节约用水作为一项基本国策

以色列建国不久，就陆续制定了《水法》《水井控制法》《量水法》等有关水的法律，明确国家统一管理全国水资源，对用水权、用水定额、水费征收、水质控制等做了详细规定；严格控制地下水开采；要求包括农产在内的所有用水设施都必须安装水表，实行计量收费。这些法律成为人们共同遵守的行动准则，在经济和社会生活的各个领域都得到了严格的贯彻实施。

2. 灌溉喷滴化

以色列专家多次强调灌溉的对象是作物，而不是土地。他们用管道输水代替沟渠输水，用喷滴灌代替以往田间的大水漫灌，将水、化肥等直接浇到作物的根部。早在20世纪50年代政府就着手筹划，于1963年建成了宏大的北水南调工程，将北部的水通过管道送往缺水的中部、南部地区，并以它为骨干，形成了覆盖全国、纵横交错的地下供水管网，为城市、农村提供生产和生活用水。灌溉管网的支管末端设有伸出地面的给水栓，上面接上直径为10～20mm、经防老化处理（使用寿命20年）的聚乙烯管和相应配置的喷头、滴头进行灌溉。这种封闭的输水和配水灌溉系统，有效地减少了输水和田间灌水过程中的渗漏和蒸发损失，使水的有效利用率达到了80%～90%，同时节省了沟渠的占地。目前全国25.5万hm^2灌溉面积已全部实现喷灌、滴灌化。由于微喷比普通喷灌省水，滴灌比微喷更省水，近年来微喷、滴灌所占比重逐年上升。

3. 国家积极扶持节水灌溉发展

国家负责建设和管理骨干水源和供水管网，把灌溉水送到基布兹（一种集体农庄组织）或莫沙夫（由个体农户组成的合作社）的地边上。农场内部灌溉设施的建设全由农场自己负责，经费有困难时，可以向政府申请不超过总投资30%的补助，还可向银行贷款，由政府给予担保。国家水管理单位收取的水费不够运行开支时，每年作出预算经审核批准后由政府给予补贴，不存在水利工程老化问题。国家还支持设立专门的研究所，研制开发节水设备和技术，使以色列的节水技术始终保持世界领先水平。地方政府有关部门聘请专家经常向农民提供技术咨询与指导。

4. 较高的水费和严格的奖罚措施促进了节水灌溉的发展

以色列居民的生活用水水费为0.25～0.30美元/m^3，工业用水为0.22美元/m^3，农业用水每年向水管单位申请用水许可证，水管单位根据其灌溉面积、作物种类核定供水配额，并依据配额实行有奖有罚的水费政策。

5. 以节水灌溉为龙头，带动现代农业、高效农业发展

灌溉工程全部实现了计算机控制、自动化操作。灌溉的小水泵房里设有一组水过滤器，过滤水中的杂质，防止喷头和滴管堵塞；再加设一个肥料混合罐，将肥料搅拌均匀后注入管道，和水一起浇到作物的根部；还装备了计算机集中控制盘。整个系统根据事先编定的程序和土壤墒情监测反馈信息，自动操纵水泵、闸阀进行灌溉。过滤器内的污物积累到一定程度后，自动进行冲洗。节水灌溉给农作物提供适时适量的水、肥、营养剂、农药，提高了作物的产量，加上优良的品种、科学的种植，使以色列的农业成为高效农业。以色列大田籽棉单产超过 $6000kg/hm^2$，西红柿、茄子超过 $80t/hm^2$。

6. 利用城市废水进行灌溉

目前全国农业灌溉用水量 12 亿 m^3 中的 20%为处理后的城市废水。为了鼓励农民使用这种水灌溉，其收费标准比国家供水管网提供的优质水低 20%左右，亏损部分除了从城市自来水费中予以弥补外，均由政府补贴。

7. 灌溉产品多样化、系列化

围绕节水灌溉，以色列研制、开发、生产出成套的多品种、多规格、系列化节水器材、设备，包括各种输水管道、喷头、滴头、过滤器、阀件、肥料罐、自动控制装置等，形成了一个完整的节水灌溉设备生产行业。

1.5.6 澳大利亚

澳大利亚国土面积 760 多万 km^2，人口 1800 万。全国平均年降水量 460mm，40%的土地为极干旱的半沙漠、沙漠，32%的土地年降水量为 250～500mm，是地球上最干旱的大陆。全国没有大的江河、湖泊，地表水资源十分缺乏。在推行节水灌溉方面，其不少做法与以色列相似。

（1）水资源由政府统一管理。农民用水必须向政府主管部门申请用水权许可证。由于可开发的水资源已基本开发完，现在原则上不批准新的用水权申请。为了促进节约用水，政府规定，允许老的用水户把自己节省下来的水的使用权有偿转让给新用水户，其转让费大约为人民币 15000 元/hm^2。

（2）为了解决内陆干旱缺水问题，政府在工农业较发达的东部地区修建了包括 80km 输水渠道、145km 输水隧洞的雪山跨流域调水工程，该工程年调水量 23 亿 m^3，扩大灌溉面积 24 万 hm^2。

（3）澳大利亚许多灌溉工程的建设年代较早，加上地广人稀，过去主要采用传统的地面沟、畦灌或大水漫灌。近年来，由于灌溉水源紧张及长期大水漫灌造成地下水位上升、土壤盐渍化，澳大利亚结合自己的特点，下大力气推广节水灌溉，取得明显成效。目前，喷滴灌已占全国灌溉面积 153 万 hm^2 的 20%，且所占比重逐年上升。特别需要指出的是，澳大利亚用激光机械平整土地，加快了田间灌水速度、减少了渗漏蒸发损失，田间节水效果与喷灌相近。此外，还有其他一些方法，如闸管灌：采用地下管道输水，给水栓上接上闸管，在闸管上有许多个出流孔口，每个孔口上都装有一个小闸门，出流孔口直接对准灌水垄沟，各孔可以同时放水，代替了毛渠，免去了人工扒口灌水的繁重体力劳动，既省地，又省水；渗灌是一种将滴灌带埋入作物根部，让水从孔口缓慢地渗向四周土壤进行灌溉的方法，它比滴灌能更有效地减少蒸发损失，其水、肥有效利用率几乎达到 100%。喷灌、滴灌不但减少了灌溉用水，还减轻了盐碱地盐分对作物的危害，从改善生态环境角度看，这一优点特别受到当地人的重视。

（4）政府从多方面扶持节水灌溉工程的发展。澳大利亚灌溉工程斗渠以上的部分由政府投资兴建，并成立专门机构管理。农场内部设施由农场主自己负责。各个农场的地界边接水口多装有转轮式自动量水计，按用水量计收水费。管理单位所收水费只够渠系输水工程运行维护费的 70%，其余部分由政府补贴。新南威尔士州政府为了降低灌溉用水量，每年拿出 150 万～250 万澳元资助农民建立示范农场，开展培训等工作。农民兴建节水灌溉工程可向政府专门机构申请比普通商业贷款利率低 7 个百分点的优惠贷款。

1.6 存在问题及建议

1.6.1 我国农业用水计量监控方面存在问题

1. 农业灌溉用水计量认识不到位

我国农业灌溉普遍采用“大水漫灌”模式，按照土地灌溉面积计收农业水费，大部分地区用水管理十分粗放，水资源意识淡薄，对计量用水的必要性认识不到位，将计量用水等同于增加水费，部分农民，甚至基层工作人员对此项工作有抵触情绪。南方水网发达，水资源相对丰沛，雨季主要集中于 4—6 月和 7—10 月，与作物需水高峰期基本一致，农业灌溉用水总体充足，农业灌溉用水管理还没有到按作物需水量精准灌溉的迫切需要，且大多数地区不存在水源型缺水，只有局部地方存在水质型缺水，因此基层干群推广计量用水的愿望并不十分迫切。

国家为减轻农民负担，维护社会稳定，对农民实施减负政策，农业灌溉用水价格一直控制在较低水平。如广西初步测算灌溉用水现行水价不到成本价的30%。取消农业税及统筹提留等税费后，不少农民产生了既然农业税都减免了，水费也应减免的误解，不履行缴费义务，随意拖欠水费，有的甚至拒缴水费。

2. 灌溉用水条件复杂难以实施计量

灌区普遍是多水源灌区，类型多样，众多水源相互关系复杂，灌溉用水互为补充，难以选取合适的量水方法。一般渠道中的水兼顾了多种功能，满足灌溉需求时，还要满足生活用水、工业用水、环境用水，这些用水均从渠道中通过，很难从具体的量测水量中扣除，加之大部分灌区末级渠系无量水设施，观测的净灌溉用水量和实际情况偏差颇大。以家庭为单位的农业生产主体，灌溉用水分散化、随机化，灌溉计划用水、统一调度功能弱，实际灌溉用水占渠道总水量比例较少。大部分灌区仍然采用人工流速仪测水、浮标量水，费时费力，量水精度低。水管单位与用水户进行水量结算时，需要进行大量的数据收集、整理、汇总、计算、校核，常会出现人为错误和遗漏，消费结算环节复杂，水管单位只能采用平摊水费的方法计算收取，用水户无法得到公平供水服务，水管单位和用水户由此经常产生纠纷。

3. 渠系及量水配套设施不足

现有灌区建设年代较早，渠道老化失修渗漏损失严重，部分干支断面不规则，土渠未衬砌，特别是末级渠系配套严重不足，无法开展量测水设施建设。现有渠道对取水和输水考虑较多，对计量考虑则相对较少，大部分灌区的斗渠及以下渠道没有任何量水设施，即使有计量设施也以建筑物、堰槽量水为主，经过多年运行，完好率低。同时，由于农业水价远低于成本水价，水费收缴不足、不及时，水毁及渠道清淤的组织难度越来越大，部分灌区管护经费落实不到位，水管单位经营入不敷出，导致用水计量设施老化、失修，缺少资金更新、维护和计量，供水量无法精确计量。

改造及新建量测水设施任务重。尽管近年来各地逐步推进灌溉用水量测水设施建设，但规模、速度、水平尚不适应经济社会发展的需要。初步摸底调查，仅全国大型灌区需新建及改造农业灌溉量测水设施共90万处，需建设资金101亿元。

4. 经济实用的量水设施有待进一步研究

目前农业灌溉用水计量设施90%以上都是利用标准断面、建筑物、堰槽等人工方法进行量测。这些方法都需要由人工施测和计算才能得到所需的数据，需要操作人员具备较高的专业技术能力，并需要“长期在线”“文字报表”，但灌区现有的基层测水人员少，且文化程度较低，对灌区量测水的相关技术大多不了解、不会用。在水流经常变化的情况下，花费许多的人工还不一定能得到较准确的结果。在现代化的量水设施开发研制方面，过于强调量测精度，由于建造成本高、管理维护专业性强、电子设备使用年限较短（与工程相比）、后续管护技术和费用高等因素，导致不能在所有灌区推广，只能进行信息化试点建设，未能从根本上解决灌溉用水计量问题，严重制约了灌区量水技术的推广发展。

5. 灌区自动化技术仍停留在初期阶段

（1）信息采集、传输水平较低。目前，我国大部分灌区观测站的信息采集设施陈旧落后，信息采集主要靠人工，观测精度和实效性较差，不能满足指导灌溉的要求。灌区的信息传输手段单一，监测的水情、土壤墒情、作物长势等信息只能通过传输模拟信号的电话线作为媒介进行传输，缺乏时效性。灌区信息化建设缺乏与科研院校和有技术实力的企业的相关合作，致使数学模拟仿真技术、GIS、GPS、RS等地理信息技术、数据库技术、多源信息同化技术等高新技术在信息化建设中没有真正发挥作用。

（2）缺乏统一的标准规范。目前，行业内存在许多信息系统开发的标准规范，但并没有针对灌区信息化建设的统一指南和标准，专用网络没有统一规划，也没有规定水利信息软件的统一结构，导致了各灌区信息化建设软件开发的重叠，甚至重叠的水平较低。不仅造成了灌区系统资源的浪费，同时严重阻碍了各灌区信息资源的共享，严重制约了水利信息应用水平的提高。

（3）重硬件、轻软件。灌区建设中存在重视硬件建设、轻视软件开发及推广应用的倾向。这种倾向导致灌区的硬件设备不能充分发挥作用，灌溉系统的操作及维护较为困难，水情、土壤墒情、作物长势等数据的整理、分析等工作还需要手工操作，没有真正减轻工作量。此外，这种倾向还使软件开发投入少，已经开发的软件推广应用不力，严重制约灌区信息化水平的提高。

（4）各灌区信息化系统之间接口困难。灌区系统之间的接口包括各子系统之间的接口和灌区系统与中央、流域、省级、市级和县级等5个层次之间的接口。目前大多灌区已经建立了自己的局域网络系统，由于各个灌区的发展程度存在差异，各水利职能部门业务重点不同，各层次、各区域工程建设的规模、重点和实施时间、具体建设技术方案不同，各灌区局域网络系统之间的接口困难，同时也影响了信息的共享。

（5）信息化管理人才缺乏。部分灌区缺乏从事灌区信息化建设的专门技术人才，现有的管理人员技术水平较低，缺乏专业的管理维护，容易造成系统的落后，使建成的灌区信息系统无法充分发挥作用，直接影响了信息化的效益，容易造成使用者对信息化的不信任。

1.6.2 我国用水管理方面存在问题

农业用水包含从水源、输配水、田间灌水到作物耗水形成产量等多个环节，每一环节都有水的损失，都存在一定的节水潜力。

近年来，由于我国大兴农田水利建设，基础设施得到了一定程度的改善，但是由于历史欠账太多，目前我国农田水利基础设施仍然较薄弱，农业用水领域工作重点仍倾向于灌区续建配套、节水改造等农田水利工程建设，对农业用水管理方面仍重视不够，存在一些问题，主要有以下几方面：

(1) 缺乏科学管理农业水资源的相关政策法规及规章制度。在法规方面，我国已颁布了《中华人民共和国水法》《水资源管理条例》等；在政策方面，中央和各级地方人民政府已出台不少促进农业节水发展的政策，例如对农民兴建节水工程给予补助的引导扶持政策，提倡用水户参与节水管理的政策，农村水利建设与管理体制改革政策等；在技术标准规范方面，已实施了 GB/T 50363—2006《节水灌溉工程技术标准》、GB/T 50085—2007《喷灌工程技术规范》、GB/T 50600—2010《渠道防渗工程技术规范》等。这些政策法规及规章制度，对农业用水已有一定要求，但是总体来说，我国农业用水管理政策还不完善，仍存在缺陷，缺乏更详细的、操作性、针对性更强的农业水资源管理相关政策法规及规章制度（如农业水价如何科学确定？农业水费如何征收？如何建立完善农业节水补偿机制，如河北衡水的“一提一补”制度）。

(2) 缺乏指导节水农业发展的农业水资源宏观区划和规划。当前我国发展节水农业仍带有一定的盲目性。有些地方不顾客观规律、不考虑本身条件，而是按主观愿望办事，在那些适合某种节水农业措施或已有某种节水农业措施的地方，不作周密分析，不按经济规律办事，又去发展另一种节水农业措施；在那些水源极为贫乏，开采难度很大而适合发展雨养农业的地方，却不顾一切建设节水灌溉工程；或不考虑自身经济实力和农民接受能力，一味追求高新技术，造成盲目投入或重复投入等不良后果。究其原因，主要是缺乏指导节水农业发展的农业水资源宏观区划和规划。各种节水农业措施都有其一定的适用范围，应根据当地的自然条件、社会经济情况而定。如华北部分地区，实施了大量高效节水灌溉工程，但农业用水仍不见减少，地下水位仍逐年下降，主要是缺乏相关专业规划，未考虑农业水资源承载能力和可持续发展，一味扩大节水灌溉面积；北京正在考虑退还部分耕地发展雨养农业。

(3) 缺乏支撑农业用水管理的基础设施条件。用水计量是实现农业用水有效监管的基础，农业用水计量设施不完善，对农业用水进行有效管理缺少最基本支撑。目前，我国在农业用水方面普遍缺少灌溉计量设施，尤其缺少末级渠道计量设施；有用水计量的也主要依赖用水单位人工上报，不能进行水量监测实时在线信息化管理。另外，由于基础建设薄弱、田间影响因素较多等，农业用水仍重点监控输水过程，缺乏田间用水监控，目前大部分灌区用水重点监控输水过程的“跑、冒、滴、漏”，测算输水效率，对于真正的田间用水效率关注不多。

(4) 农业用水总量控制与定额管理制度未有效贯彻。实行“总量控制、定额管理”是合理配置水资源、提高水资源利用率的重要举措。但在我国农业水资源管理实践中，除部分极度缺水的省市（如新疆）外，大部分地区总量控制和定额管理制度并未得到有效执行，甚至在有些地区仅成为一句口号。其问题主要表现在：一是农业灌溉定额制定缺乏合理性与时效性。随着区域自然条件、水资源状况、灌溉方式、种植作物等不同，灌溉定额应有所不同，应及时更新。二是农业灌溉定额与总量控制、农业水费征收需紧密结合。有些地方虽然制定农业灌溉定额，但农业灌溉用水总量、农业水费征收等仍按过去方式统计（按面积、电量等），出现“两张皮”现象。

(5) 农业节水技术服务推广体系不健全。专业技术人员缺乏、投入经费不足、机制不活等问题，造成农业节水项目示范向全面推广进程慢，区域农业节水水平发展不平衡，与规模化发展现代节水高效农业还有较大差距。

(6) 缺乏总结提炼高效农业用水技术集成应用模式。目前，我国根据不同地区特点研究的单项农业节水技术较多，但未成体系。如何在此基础上总结提炼出适合于不同地区采用的标准化、规范化、模式化、定量化、集成化的农业节水综合技术体系和应用模式，仍是规模化推广我国农业节水技术，提高农业用水效率的关键。如可按东北节水增粮、西北节水增效、华北节水压采、南方节水减排的要求，结合地域特点，总结出几套或几十套高效农业用水技术集成应用模式。

1.6.3 我国农业用水管理发展对策建议

(1) 加强规章制度建设。细化、修订、完善相关法律法规、政策及配套规章制度。如适时制定、出台《农业水资源管理条例》《农业水资源费征收细则》《农业灌溉用水定额管理指导意见》等法律法规文件，完善农业用水总量控制、定额管理制度及相关配套政策措施、试行农业计划用水管理制度等。

(2) 坚持科学规划引领。按照习总书记“节水优先、空间均衡、系统治理、两手发力”的治水思路，结合区域自然条件，科学编制区域农业水资源利用专项规划。加快实现由农业供水管理向农业需水管理转变，从粗放用水方式向集约用水方式转变，从过度开发水资源向主动保护水资源转变。坚持以水定需、量水而行、因水制宜，坚持以水定地、以水定产。要以需求为导向，着力解决人民群众最迫切、最关注的农业用水问题。

(3) 调整农业种植结构。根据水资源承载能力和国民经济发展总体要求，合理进行农业区划，对农业结构、生产布局、作物品种（选育抗旱品种，有时推广抗旱品种比实施节水灌溉工程节水效果好，简单见效）进行调整，从根本上控制超出水资源承载力的农业用水不合理需求。

（4）加强农业用水全过程管理技术开发。一是积极发展多水源联合调度技术。大力推广各种农业用水工程设施控制与调度方法，高效使用地表水，合理开采地下水，在时间上和空间上合理分配与使用水资源，发展“长藤结瓜”灌溉系统及其灌溉水管理技术，实现“大、中、小，蓄、引、提”联合调度优化调配多种水源：通过修筑水平梯田、平整土地等措施提高土壤接纳降水、蓄存雨水能力，提高天然降水利用率；实行井渠结合，地表水、地下水互补联合调度综合提高地表水、地下水利用率；在地下水超采地区，拦蓄雨季洪水，回灌补充地下水源；在丰水地区，加强灌溉退水及地下水位管理，发展大沟蓄水、土壤水库系统，充分利用雨水及灌溉退水，减少面源污染；对污废水进行处理再利用，开发利用劣质水等；提高灌区内的调蓄能力和反调节能力。二是提高渠系输水有效利用率和输水监控能力。合理规划、健全输水渠系体系，对渗漏严重的渠段进行防渗处理；发展“以管代渠”，实现输水管网化，提高输水效率、减少占地、适应机械化耕作；完善节制闸、分水闸等分水配水退水控制性建筑物，配齐量测水设施，更好支撑农业用水管理。三是改进田间灌水方法与技术，提高田间用水效率。对量大面广的地面灌溉区，平整土地，缩小地块，改进沟畦尺寸规格，控制入沟畦流量；在低压管道输水灌区，采用“小白龙”薄膜塑料管等简易田间管道灌溉方法；在水田地区，推行水稻“浅、湿、晒”控制灌溉技术；在大田旱作物地区，推行浇关键水和非充分灌溉技术；在不具备发展常规灌溉的地方，推行半机械化、畜力、人力等多种形式的注水抗旱播种保苗技术；在经济发达地区、城市郊区、经济作物种植区，逐步推广喷灌、滴灌、微喷灌等技术。

（5）总结农业节水技术集成模式，实行分区推广。针对不同区域气候特点、水资源禀赋、作物类型，构建不同类型重点农业节水技术集成模式，进行规模化推广。例如，针对西南山丘区雨水丰富、季节性干旱、地形起伏等特点，集成雨水集蓄和一系列农业节水技术，构建了“雨水集蓄、节水灌溉”的节水抗旱技术模式；针对西北地区降雨量少、太阳能和风能源资源丰富、地形较平缓等特点，集成太阳能提水技术或风能提水技术与高效农业节水灌溉技术，形成了西部生态节水技术模式。

（6）建立健全农业用水评价体系。明确农业用水监测和评价指标，构建不同类型农业用水评价指标体系，提出科学可行的农业用水效率评估方法，开展农业用水计量监控体系研究，为农业用水管理提供技术支撑。

（7）完善农业用水技术服务管理推广体系。一是进一步发展用水户协会，完善参与式管理模式。要给予农民用水户协会合适的法律地位，明确用水户协会的法人身份，鼓励和规范用水户参与管理，充分发挥其在农业用水资源管理方面的积极作用。加强培训教育力度，不断提高协会人员素质，增强农户广泛参与以降低交易成本和管理成本。尽快出台用水户参与灌溉管理的相关配套政策和措施，积极鼓励更多农户的民主参与，减少基层供水腐败，保障用户权益。二是试点示范农业用水公司化、专业化管理模式。从管护主体、管护责任、经费来源、运行方式等多方面开展农业用水公司化、专业化管理试点，分析总结失败的教训与成功的经验，探索好的运行管理模式进行示范推广。

第2章 >>

灌区农业用水计量监测体系

2.1 农业取用水特点分析

灌区农业生产从水源（地表水源或地下水源）到形成作物产量一般要经过以下4个环节：①通过各级渠道或管道将水从水源输送到田间；②通过各种灌溉方法将引至田间的水分配到指定面积上转化为土壤水；③经作物吸收将土壤水转化为作物水；④通过作物复杂的生理生化过程，使作物水参与经济产量的形成。在农田水的4次转化中，每一环节都有水的损失，都存在节水潜力，都对应着相应的用水效率。前两个环节不与农作物吸收和消耗水分的过程直接发生联系，但却是当前节水灌溉的重点。一般灌区可以分为渠灌区、井灌区与井渠结合区。渠灌区用水过程如图2-1所示。

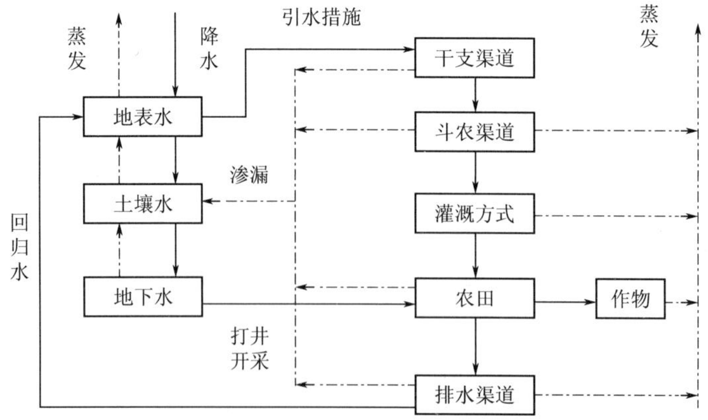

图2-1 渠灌区用水过程示意图

渠灌区主要以地表水源为主，通常从河道或水库取水。灌溉输配水网络呈树枝状分布，各级配水点主要包括：渠首引水口（从水源取水）—支渠取水口—斗渠取水口—农渠取水口—田间，如图2-2所示。

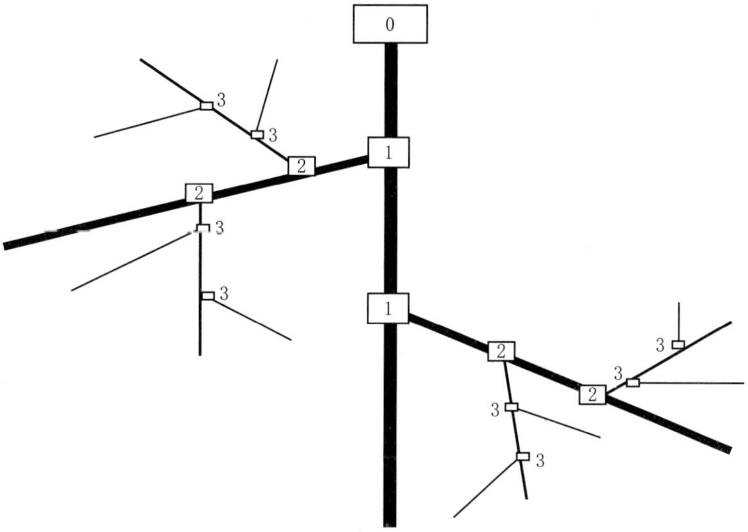

图2-2 渠灌区灌溉输配水网路示意图

0—渠首取水口；1—支渠取水口；2—斗渠取水口；3—农渠取水口

不同区域田间取水的位置不尽相同，可从支渠、斗渠或农渠取水，具体取决于灌区农田规划布置。

井灌区以地下水为灌溉水源，其输水系统主要以管道输水为主。通常以单井为独立的管理单元（个别存在多井联合调度管理）。典型井灌区的输配水网络如图2-3所示。

在监测灌区时，将灌溉过程分为输水过程以及田间灌溉过程，分别对输水过程用

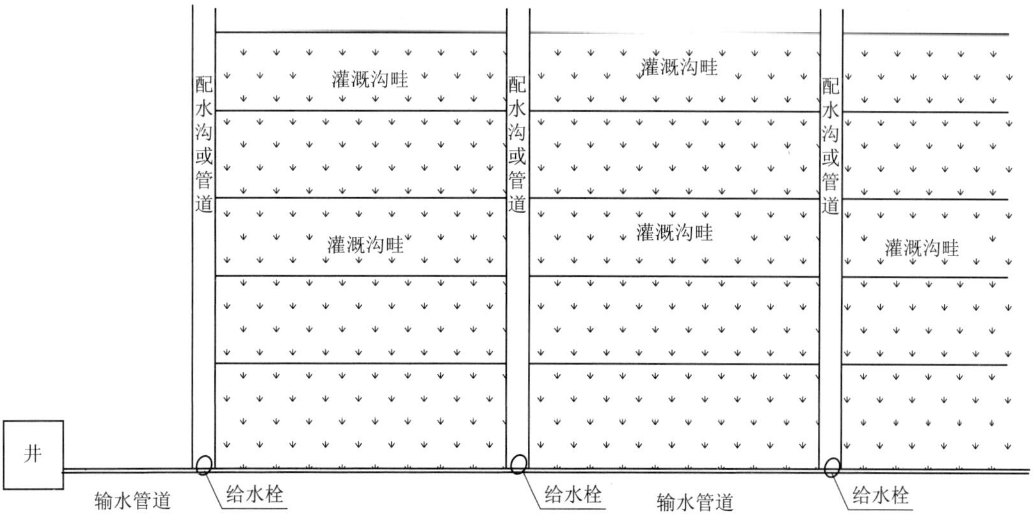

图2-3 井灌区输配水网络示意图

水效率及田间灌溉过程用水效率加以监测，从而测算出灌区用水效率。

2.2　农业用水效率影响因素分析

灌溉水利用率是指某一时期灌入田间可被作物利用的水量与水源地灌溉取水总量的比值，它反映全灌区渠系输水和田间用水状况，是衡量从水源取水到田间作物吸收利用过程中灌溉水利用程度的一个重要指标，也是评价农业水资源利用、指导节水灌溉和大中型灌区续建配套设施及节水改造健康发展的重要指标，同时是领导宏观决策的重要依据。影响灌区用水效率的因素主要包括：降水、蒸发、土壤等自然因素；人员素质、管理水平等人为因素；灌溉水源、灌溉方式、输水方式等灌溉因素；作物种类、耕作、覆盖等农业因素，等等。由于灌区用水效率各指标的特点不同，所以影响用水效率的因素也有所不同。

影响渠系水利用率的因素主要包括输水渠道长度和输水方式。

（1）输水渠道长度。渠道的级数越多，渠道越长，水的渗漏损失量和蒸发损失量就越大，渠系利用系数就越低；反之，渠系水利用系数则越高。

（2）输水方式。输水方式不同，渠系水利用系数不同。利用管道方式输水，水的渗漏损失量和蒸发损失量均小，渠系水利用系数高；利用没有衬砌的土渠输水，水的渗漏损失量和蒸发损失量均大，渠系水利用系数低；利用衬砌的渠道输水，水的渗漏损失量小，渠系水利用系数较高。

影响田间水利用系数的主要因素为灌溉方式。灌溉方式不同，田间水利用系数不同。普通地面灌溉，水的渗漏损失量和蒸发损失量都较大，田间水利用系数最低；喷灌，水的渗漏损失量较小，田间水利用系数较高；滴灌，只湿润局部土壤，水的渗漏损失量和蒸发损失量都较小，田间水利用系数最高。

渠系利用系数和田间水利用系数高，灌溉水利用系数则高，反之亦然。在输水过程中采取防渗措施，在田间灌溉方面采取先进灌溉技术，能够有效提高灌溉水利用率。

2.3　农业用水计量监测指标确定

2.3.1　监测内容

监测内容分两层：基础数据层与用水效率指标层。其中，基础数据包括渠（管）

道首末流量、田间净灌水定额、灌溉面积、降雨量、土壤水、蒸腾蒸发量等参数情况；用水效率指标包括渠系水利用系数、田间水利用系数及灌溉水利用系数。

2.3.2 监测方法

1. 渠道流量监测方法

（1）流速面积法。流速面积法是渠道最常用的流量测验方法，其测验精度较高，但测验历时长，测验工作量大，难以实现实时在线监测。

（2）超声波时差法。超声波时差法测量流速适用于断面较稳定，有一定水深的断面，另外需借用断面面积（另用人工方法测量）和用流速仪等标准测流设备标定流量系数后，才能保证精度。该方法的最大特点是可做到在线连续测量，缺点是在断面较宽、水浅和含沙量较高的条件下无法使用。

（3）侧视式声学多普勒流速剖面仪法。侧视式声学多普勒流速剖面仪法（H－ADCP）具有安装容易，操作简便，不易受生物附着影响，且价格低等优点。但不适宜在大跨度以及含沙量较大、水深较浅的渠道。

（4）水工建筑物测流法。根据闸门上下游水位及闸门开度，通过经验公式计算出闸门过水流量。其优点是只要准确地测量出上下游水位及闸门开度，即可换算出过闸流量，不足之处是需人工进行标定，需建立经验公式的相关系数。但由于测量简单并可连续工作，水工建筑物测量法在目前仍不失为一种较实际又可行的方法。

（5）堰槽法。采用专门制造测流堰槽或现场制作的测流堰槽，记录过堰水流的水位，通过水力学公式可计算出通过堰槽的流量。

2. 管道流量监测方法

主要有：①声学时差法管道流量计；②声学多普勒管道流量计；③电磁管道流量计；④冷水水表以及电子远传水表。

对于管径大于等于 300mm 的取水口，宜采用电磁流量计或声学时差法管道流量计、声学多普勒管道流量计；对于管径小于 300mm 的取水口，宜采用电子远传水表。

3. 田间净灌水定额监测方法

（1）水量平衡法。通过监测降水量、地下水补给量和蒸腾蒸发量，根据水平衡法求出净灌水量。

（2）参考作物系数计算法。由公式 $E=k_c\times ET_0$ 获得。其中：E 为时段内作物耗水量；ET_0 为参考作物腾发量，可由自动气象站获得；k_c 为作物系数，具体数值可参考联合国粮农组织标准 FAO－56。

4. 灌溉面积测量方法

主要有实地测量法和卫星遥感监测法。

2.3.3　灌区用水效率测算

1. 各级渠道输水系数 $\eta_{渠(管)道}$

$$\eta_{渠道}=1-\delta \tag{2-1}$$

式中：$\eta_{渠道}$为渠（管）道输水系数；δ 为输水损失率。

$$\delta=W_{损失}/W_{首} \tag{2-2}$$

式中：$W_{损失}$为渠道输水的损失水量，即为上下游两个断面同时段流量的差值，m^3；$W_{首}$ 为测量时段内渠道首部测量断面的累积水量，m^3。

$$W_{损失}=W_{首}-W_{尾}-\sum W_i \pm \Delta W_{渠} \tag{2-3}$$

式中：$W_{首}$ 为测量时段内渠道（渠段）首部测量断面的累计水量，m^3；$W_{尾}$ 为测量时段内渠道（渠段）尾部测量断面的累计水量，m^3；$\sum W_i$ 为测量时段内正常运行的下级渠道测量断面的累计水量，m^3；$\Delta W_{渠}$ 为测量始末渠道（渠段）蓄水量的变化，m^3，增加的情况取“－”号，减少的情况取“＋”号。

2. 渠系的输水利用系数

一般来说，渠系水利用系数为各级渠道输水利用系数连乘，即

$$\eta_{渠系}=\prod \eta_{渠道i} \tag{2-4}$$

3. 田间水利用系数

$$\eta_{田间}=mA/W \tag{2-5}$$

式中：$\eta_{田间}$为田间水利用系数；m 为净灌水定额，m^3/亩；A 为末级渠（管）道控制的实灌面积，亩；W 为末级灌溉渠（管）道进入田间的总水量，m^3。

4. 灌区的灌溉水利用系数

$$\eta_{水}=\eta_{渠系}\eta_{田间} \tag{2-6}$$

由于灌区用水效率受灌区规模、类型、工程设施状况、管理水平、灌溉水源条件（提水、自流引水）、作物种类和种植结构、地形地貌等因素的影响，灌区用水效率监测内容与方式也不尽相同，具体可参考《全国灌溉用水有效利用系数测算分析技术指南》。

2.4　农业用水计量监测技术

2.4.1　按自动化程度划分的灌区农业用水计量监测技术模式

1. 人工计量监测技术模式

（1）模式介绍。基于水位—流量关系曲线推流原理，利用水工建筑物量水、特设

量水设备或者标准断面量水的方法，进行人工推算流量；基于流速-面积法测流原理，采用机械型转子式流速仪计测水流速度，同时辅以水尺以获取断面面积，进行人工推算流量。

（2）技术要点。利用闸门、涵洞、渡槽等水工建筑物的断面水位及闸门开度，或标准断面渠道的水位，对照水工建筑物或渠道的水位—流量曲线推算流量；利用安设不同类型的特设量水设备（堰、槽），采用人工读数的方法，读取量水槽侧壁上的水尺水位刻度，并对照特设量水设备的水位—流量公式计算流量；或采用机械型转子式流速仪计测渠道某断面流速，依据流速面积法测算流量。

（3）适用条件和范围。适用于灌区资金条件有限，量水精度要求相对不高的大型灌区斗渠、农渠，中型灌区支渠、斗渠和毛渠，可充分利用水工建筑物量水、标准断面量水、量水堰、槽量水和机械型转子式流速仪的方法进行人工测定。另外，基于采用水位—流量曲线推算流量的计量模式，一般要求监测渠道断面尽量规整顺直、水流平稳，水位—流量曲线需要提前拟定，并进行长期维护。

2. 自动计量监测技术模式

（1）模式介绍。基于水位—流量关系曲线推算流量和流量流速面积法测流原理，利用自动化量水设备对水工建筑物或渠道（河道）进行水位、流速等参数的实时监测，自动计算、记录流量及累计水量，并自动采集、上报的方法。

（2）技术要点。利用水工建筑物或渠道断面的自动化水位量测设备（闸位计、浮子式、气泡式、雷达、超声波水位计和电子水尺等），对水工建筑物或渠道进行闸门开度、水位等参数的实时监测和采集，通过软件系统中事先拟定好的水位—流量关系曲线或公式，自动调取、推算、记录流量及累计水量，并通过传输网络，将数据自动上报至灌区用水平台或业务应用系统。

利用自动化水位及流速类量水设备（水位识别类：浮子式、气泡式、雷达、超声波水位计和电子水尺等；流速仪类：电磁类、声波类等；管道流量计：电磁式、插入式、管段式），对水工建筑物或渠道（管道）进行水位、流速、流量等参数的实时监测及采集，并通过软件系统按流速面积自动计算、记录流量及累计水量，并通过传输网络，将数据自动上报至灌区用水平台或业务应用系统。

（3）适用条件和范围。主要适用于规模较大、渠系配套完善、条件优越的大中型灌区渠首、骨干渠道和有特别计量需求的田间渠道，自动化量水系统一次性投入大，长远来看可极大地提高灌区的灌溉效率，提高量水精度，还能节约水量，节省大量的人力物力。同上，基于采用水位—流量曲线推算流量的计量模式，一般要求监测渠道断面尽量规整顺直、水流平稳，水位—流量曲线需要提前拟定，并进行长期维护。

2.4.2　按取水口类型划分的灌区用水计量监测技术模式

1. 管道型取水口计量监测技术模式

（1）模式介绍。利用管道流量仪表对灌区取水管道流量进行人工或自动采集、计量及累计水量，并用人工或自动采集数据上报的流量监测模式。

（2）技术要点。针对灌区取水口采用铸铁管、钢管、PE 管等形式输水管道，利用声学时差法管道流量计、声学多普勒管道流量计、电磁管道流量计、电子远传水表和普通水表采集、计量、存储管道流量及累计水量，并用人工或自动采集数据，利用网络上报用水管理业务平台。

（3）适用条件和范围。适用于以管道引水为主的提水灌区取水口，或灌区中利用提灌站提水的区域；管道材质以铸铁管、钢管、PE 管等为主，尺寸一般为 10～3000cm，适宜有压管流，量水精度较高，除常规校准外，无须进行单独率定，同渠道用水计量模式相比，能节省大量的人力物力。

2. 渠道型取水口计量监测技术模式

（1）模式介绍。针对渠道（河道）型取水口灌区，基于水位—流量关系曲线推流和流速面积法测流原理，利用水工建筑物法、特设量水设备、标准断面法、流速面积法等对水工建筑物或渠道（河道）进行水位、流速、流量等参数的采集，人工或软件系统自动计算、记录流量及累计水量，并传输、上报至用水管理业务平台。

（2）技术要点。

1）标准断面量水模式：利用稳定的断面水位—流量关系推算流量，是灌区量水中常用的方法之一，具有观测简便、精度适用、省工省时等优点；适用于渠段顺直、断面规则、水流均匀、测流断面不受建筑物泄流影响的渠道；该方法需要率定水位—流量函数关系，配置水位传感器设备，由监测水位和水位—流量函数关系表查算流量。

2）流速面积法量水模式介绍：利用流速仪表测量渠道断面上流速，并结合过水断面面积，计算流量的方法。以流速仪法应用比较广泛，主要分机械、电测和超声三种类型，其中机械型以转子式为主，转子类型有旋渠式和旋杯式流速仪，电测式有电磁式流速仪，超声型有声学时差法流速仪、多普勒流速仪等。其特点是结果精确，但费用高，施测和计算繁杂，多在无水工建筑物及特设量水设备不可利用的情况下使用，同时对明渠而言须辅助水位测量。

3）水工建筑物量水模式：利用渠道上已有的堰闸、涵洞、抽水站、水电站、渡槽等水工建筑物，通过实测水头、闸门开启高度等水力参数，经率定分析或利用经验公式确定流量系数或效率系数，用水力学公式计算得到流量；用于测流的水工建筑物应满足一定的边界条件和水力条件，可以通过现场率定、模型实验、同类综合和经验系数等方法来确定流量系数。它既可以减少因灌溉系统设置其他量水设施产生水头损失，又可以节省大量建设费用。

4）量水堰槽量水模式：量水堰横槽一般是由行近渠槽、量水建筑物和下游段三部分组成，通过量水建筑物主体段过水断面的科学收缩，使得上、下游形成一定的水头落差，即可得到较为稳定的水位与流量关系。测流堰槽量水的结果比较准确，但要增加设备费用，加大水头损失。按照结构型式，现有的设施主要有量水堰、测流槽等。

（3）适用条件和范围。此模式主要适用于广大的渠道型取水口灌区，具体技术选择宜结合灌区规模、经济条件、断面情况和精度要求等综合确定，条件优越的大中型灌区渠首取水口和骨干渠道，可配套水工建筑物法、特设量水设备、标准断面法、流速面积法的自动化量水模式；其他渠道等级较低、量水精度要求不高的渠道取水口，可选择上述方法的人工量水测量模式。

第3章 》

灌区农业用水效率评价

3.1 农业用水效率评价指标体系构建

3.1.1 农业用水效率评价指标选取原则与方法

1. 科学性和可比性相结合的原则

用水效率评价指标体系的设计要立足于一定的现实统计基础，指标的设置要尽可能利用现有的统计、实测资料，数据的收集获取、权重的计算确定都应有科学的依据；同时，指标的选取要注重与国际、国内、不同地区间的可比性，无论纵向还是横向都具有可比较、可推广与可应用的性质。

2. 系统性与层次性相结合原则

用水效率具有经济效益、社会效益、生态效益与环境效益，其涉及人-经济社会-生态环境系统，相应的指标体系也是一个复杂的系统，由不同层次、不同要素组成。因此，必须运用系统论的观点，根据各层次、各因素之间的特点和关系，将用水效率评估系统分为几个既相互联系又相互独立的系统，将总体目标层层分解细化再进行统筹综合，以从各个角度全面、完整、系统地反映出评价对象的各系统、各层次的主要影响因素，充分体现指标体系的系统性和层次性；而且在选取指标时要从系统的高度统筹考虑，避免评估指标的重复和评估体系的繁冗。

3. 动态性与静态性相结合原则

重点用水单位的用水效率评价系统涉及各方面、多层次的因素，而且随时间、空间而变化，因此相应的评价系统也是不断变化的时间系统和多层次的空间系统，是动态和静态的统一，故用水效率指标体系的建立应动态和静态相结合，既要包含动态指标也要包含静态指标。

4. 定性化与定量化相结合原则

用水效率的综合评价效果是多方面的，有些可以定量化，但有些却难以定量描述，难以定量化的效果可能对评估起着主导性的作用。因此，用水效率评价指标体系应尽可能选择定量化的指标，对于难以量化的不能忽略的指标，应定性描述。

3.1.2 指标体系结构

评价指标体系是指为完成目的而由若干相互联系的指标组成的集合。指标体系的建立不仅要明确指标体系的组成，还应确定指标之间的相互关系，即指标结构。在进行用水效率评价时，要根据目标确立一组相互关联的评价指标，来反映系统要素或效益的数量概念和具体数值，它包括指标的名称和指标数值两部分。

从不同的研究角度出发，指标和指标体系有不同的分类方法。例如，按照指标的基本功能，可分为描述性指标和评估性指标；按照指标表述的单位不同，可以将指标分为实物指标和货币化指标；按照指标对信息的浓缩程度，可以将指标分为单个指标、专题指标和系统性指标等；按照研究者对水资源系统的看法不同，可将指标分为平行式指标垂直式指标和混合式指标。

1. 描述性指标和评估性指标

描述性指标的特征是具体反映某种现象的状态，每个描述性指标往往都有不同计量单位，不能简单相加来综合反映某一层次或某一方面情况。

建立评价性指标的目的在于对重点用水企业用水的各个方面、各个层次的指标进行综合、汇总，最终形成一个总指数，来反映用水效率动态变化。实际上，评价性指标多数来自描述性指标，也有一些是评估性指标。为实现评价性指标的汇总目的，对每个指标进行无量纲化处理，最后予以汇总。由于各个子体系中的地位、作用并不完全相同，故采用权重给予调整。权重主要是通过征求专家的意见加以确定。我国目前绝大多数指标体系均采用此种方法。

2. 实物指标和货币化指标

该组指标是依据指标的表述单位来划分的。

（1）实物指标可以较准确地具体反映某种现象，适用于难以货币化的事物或现象。但由此种指标构建的指标体系往往数量较多，难于集成。

（2）货币化指标是最新古典经济学的做法，主要可用来定量表征不同用水现象之间的比对。

3. 单个指标、专题指标和系统化指标

该组指标是按照指标浓缩信息的程度来分类的。

（1）单个指标。单个指标侧重于对基本情况的描述，它对数据的综合程度最低，以指标的大型列表或菜单为特征，其数量较大。

（2）专题指标。为了减少信息量，许多国家倾向于根据政策涉及的主要问题建立一套小型指标集。

（3）系统化指标。系统化的指标是指在一个确定的研究框架中，对大量有关信息加以综合与集成，从而可以形成一个有明确含义的指标集。系统化指标对于信息的集合程度类似于指数，但指数通常是对低层次的同类指标进行简单加权得出。设计系统化指标的目的在于获得一个指示性数字，表征某个复杂系统所处的状态。这种指标可大量削减信息量。一般用这种指标先识别出潜在的问题，然后再进一步分析，找出问题的精确特性。

4. 模块式指标

指标体系通常会随着研究者对水资源系统的看法不同而有所改变，主要包括平行式、垂直式和混合式三类。

平行式指标体系结构通常是先把水资源系统分解成几个子系统，然后再来测度每个子系统的问题，指标的选择是按照子系统分类进行的。在这种框架下，水资源系统评估指标的层次非常清晰，在综合评估时更有条理。

垂直式的水资源系统评估指标体系对水资源系统协调性问题更加关注。这种方法认为应把水资源系统问题纵向分开。

混合式介于平行式与垂直式之间，这些指标体系，既平行的按领域分类，又增加了一部分指标专门测度水资源系统的协调度难题，即在第一层次中，既有平行式，又有垂直式的分类。这种体系结构无疑是想兼备两种方法的优点，但整体性不强。

3.1.3　指标体系构建

基于用水效率基本定义及原则，本书采用平行式指标体系。通过以下两种筛选方法，建立农业用水效率评价指标集。

1. 频率统计法

对目前有关农业用水效率评估研究的书籍、报告、论文等进行统计，初步确定一些指标的使用频率。再通过资料的检索和查阅，选出使用频率较高的指标，经过初步的分析与合并，建立指标原始数据库。

2. 相关性分析

对指标进行统计，确定出指标之间的相关程度，结合一定的取舍标准和专家意见进行筛选。在筛选时，一方面要求指标之间保持相互独立，避免指标相关性过高影响计算结果；另一方面建立指标之间的内在联系，体现系统各因素之间的相互作用关系。

本书首先通过理论分析法对用水效率评价的内涵、特征进行综合分析，确定重要的、能体现用水效率评估特征的指标，再通过专家咨询法，同时考虑数据支撑性，使所建立的指标体系具有可操作性。

按照代表性、独立性、数据支撑性等原则，建立用水效率评价指标体系。综合评价系统指标体系由目标层和指标层构成，目标层即不同用水单位的用水效率评价，指标层由所选取的有代表性的指标构成。

3.1.4 指标筛选方法

美国运筹学家 Saaty 于 20 世纪 70 年代提出的层次分析法（Analytical Hierarchy Process，AHP），是一种定性与定量相结合的决策分析方法，是一种将决策者对复杂系统的决策思维过程模型化、数量化的过程。

应用这种方法，决策者通过将复杂问题分解为若干层次和若干因素，在各因素之间进行简单的比较和计算，就可以得出不同方案的权重，为最佳方案的选择提供依据。

1. 层次分析法基本原理

AHP 首先把问题层次化，按问题性质和总目标将此问题分解成不同层次，构成一个多层次的分析结构模型。其中，最低层为决策时的备选方案；中间层为考虑的因素、决策的准则（中间层可以是多层）；最高层为决策的目的、要解决的问题。问题层次化使得原先复杂的问题变成了一个最低层对最高层（总目标）相对重要性权值的确定或相对优劣次序的排序问题。

2. 层次分析法的特点

（1）简单，易于理解。用 AHP 决策，输入信息主要是决策者的选择与判断，决策过程充分反映决策者对问题的认识。此外，AHP 步骤简单，决策过程清晰明了，容易掌握，这使以往的决策者和决策分析者难以沟通的状况得到改善。在大多数情况下，决策者直接使用 AHP 进行决策，大大增加了决策的有效性。

（2）实用性和灵活性。AHP 不仅能进行定性分析，也可进行定量分析。AHP 充分利用人的经验和判断，采用相对标度对有形与无形、可定量与不可定量的因素进行统一测度，能把决策过程中定性与定量因素有机结合。此外，AHP 也是一种最优化技术，但其改变了最优化技术只能处理定量问题的传统观念，并被广泛应用在资源分配、冲突分析、方案评比、计划、预测、系统分析和规划问题之中。

（3）系统性。决策大体有三种方式。一种是因果推断方式，在相当多的简单决策中，因果方式是基本的方式，形成了人们日常生活中判断与选择的思维基础。而当决策问题包含不确定因素时，则产生概率方式，此时决策过程实际上是一种随机过程，人们根据各种影响决策因素出现的概率，结合因果推断方式进行决策。还有一种方式，其特点是把问题看作一个系统，在研究系统各组成部分相互关系及系统所处环境的基础上进行决策。对于复杂问题，系统方式是一种有效的决策思维方式。有一类广泛存在的系统具有递阶层次形式，而AHP恰恰反映了这类系统的决策特点，并且可进行扩展以研究更为复杂的系统。

3. 层次分析法现阶段国内外研究状况

由于层次分析法在决策领域显示出了相当的优势，因而在社会、政治、经济、军事、管理等各个领域中得到了极为广泛的应用，也吸引了众多的学者对该决策方法作深入的理论研究，是近年来极为活跃的决策理论研究领域，新的研究成果不断涌现。近年来，国内外围绕AHP的研究集中在如下几个方面：

（1）传统AHP的完善，包括标度系统研究、排序方法研究、保序性研究、一致性研究等。

（2）扩展AHP的研究，包括模糊层次分析法（FuzyzAHP，FAHP，有基于模糊数的模糊层次分析和基于模糊一致矩阵的模糊层次分析两种），网络层次分析法（NetAHP）。

（3）AHP与其他预测决策方法结合，如与对策论、最优化理论、效用理论等之间的关系等。

而在应用领域上，探讨在更广泛的领域应用，如人工智能、效用理论、成本效益、金融工程、证券市场、风险评估、信用评估等。

4. 层次分析法的具体步骤

（1）明确问题。在分析社会、经济、科学管理等领域的问题时，首先要对问题有明确的认识，弄清问题的范围，了解问题所包含的因素，确定因素之间的关联、隶属关系。

（2）递阶层次结构的建立。应用AHP分析决策问题时，首先要把问题条理化、层次化，构造出一个有层次的结构模型。在这个模型下，复杂问题被分解为元素的组成部分，这些元素又按其属性及关系形成若干层次，上一层次的元素作为准则对下一层次的有关元素起支配作用。这些层次可以分为三类：①最高层（目标层），只有一个元素，一般是分析问题的预定目标或理想结果；②中间层（准则层），包括了为实现目标所涉及的中间环节，它可以由若干个层次组成，包括所需要考虑的准则、子准则；③最低层（方案层），包括了为实现目标可供选择的各种措施、决策方案等。递阶层次结构的层次数与问题的复杂程度及需要分析的详尽程度有关，一般而言，层次数不受限制。每一层次中各元素所支配的元素一般不要超过9个，这是因为支配的元素过多会给两两比较带来困难。一个好的层次结构对于解决问题极为重要，如果在层次划分和确定层次元素间的支配关系上举棋不定，那么应该重新分析问题，弄清元素间相互关系，以确保建立一个合理的层次结构。递阶层次结构是AHP中最简单也是最实用的层次结构形式。当一个复杂问题用递阶层次结构难以表示时，可以采用更复杂的扩展形式，如内部依存的递阶层次结构、反馈层次结构等。

（3）建立两两比较的判断矩阵。在建立递阶层次结构以后，上下层元素间的隶属关系就被确定了。下一步是要确定各层次元素的权重。对于大多数社会经济问题，特别是比较复杂的问题，元素的权重不容易直接获得，这时就需要通过适当的方法导出它们的权重。AHP利用决策者给出判断矩阵的方法导出权重。记准则层元素C所支配的下一层次的元素为U_1，U_2，…，U_n。针对元素C，决策者比较两个元素U_i和U_j的重要程度，并按表3－1定义的比例标度对重要性程度赋值，形成判断矩阵$A=(a_{ij})_{n\times n}$，其中a_{ij}就是元素U_i与U_j相对于元素C的重要性比例标度。层次分析法标度的意义见表3－1。

表3－1　　层次分析法标度的意义

标度	定义与说明
1	两个元素对某个属性具有同样重要性
3	两个元素比较，一元素比另一元素稍微重要
5	两个元素比较，一元素比另一元素明显重要
7	两个元素比较，一元素比另一元素重要得多
9	两个元素比较，　元素比另一元素极端重要
2，4，6，8	表示需要在上述两个标准之间折中时的标度
$1/a_{ij}$	两个元素的反比较

一般来说，判断矩阵中的a_{ij}是根据资料数据、专家意见和系统分析人员的经验经过反复研究后确定的。

判断矩阵A具有如下性质：$a_{ij}>0$；$a_{ji}=\dfrac{1}{a_{ij}}$；$a_{ii}=1$，称为正互反判断矩阵。根据判断矩阵的互反性，对于一个n个元素构成的判断矩阵只需要给出其上（或下）三角的$\dfrac{n(n-1)}{2}$个判断即可。

（4）一致性判断。对于矩阵A，还应满足互反性条件，即有$a_{ik}a_{kj}=a_{ij}$。然而，通过两两比较得到的判断矩阵A不一定满足互反性条件，AHP采用一个数量标准来

衡量 A 的不一致程度。

设 $w=(w_1,w_2,\cdots,w_n)^{\mathrm{T}}$ 是 n 阶判断矩阵的排序权重向量，当 A 为一致性判断矩阵时，有

$$A=\begin{bmatrix} 1 & \frac{w_1}{w_2} & \cdots & \frac{w_1}{w_n} \\ \frac{w_2}{w_1} & 1 & \cdots & \frac{w_2}{w_n} \\ \cdots & \cdots & \cdots & \cdots \\ \frac{w_n}{w_1} & \frac{w_n}{w_2} & \cdots & 1 \end{bmatrix}=\begin{bmatrix} w_1 \\ w_2 \\ \cdots \\ w_n \end{bmatrix}\begin{bmatrix} w_1 & w_2 & \cdots & w_n \end{bmatrix} \tag{3-1}$$

用 $w=(w_1,w_2,\cdots,w_n)^{\mathrm{T}}$ 右乘上式，得到 $Aw=nw$，表明 w 为 A 的特征向量，且特征根为 n。即对于一致的判断矩阵，排序向量 w 就是 A 的特征向量。此时，A 具有性质 $\lambda_{\max}=n$，将 $\lambda_{\max}$ 对应的特征向量归一化后 $\left(\sum_{i=1}^{n}\overline{w}_i=1\right)$ 记 $\overline{w}=(\overline{w}_1,\cdots,\overline{w}_n)$，$\overline{w}$ 称为权重向量，它表示 $U_1,U_2,\cdots,U_n$ 在 C 中的权重。

关于正互反矩阵 A，根据矩阵论的 Perron - Frobenius 定理，如果判断矩阵不具有一致性，则 $\lambda_{\max}>n$，此时的特征向量 w 就不能真实地反映 $U_1,U_2,\cdots,U_n$ 在目标中所占比重，定义衡量不一致程序的数量指标如下：

$$CI=\frac{\lambda_{\max}-n}{n-1} \tag{3-2}$$

对于具有一致性的正互反判断矩阵来说，$CI=0$。由于客观事物的复杂性和人们认识的多样性，以及认识可能产生的片面性与问题的因素多少、规模大小有关，仅依靠 CI 值判断 A 是否具有满意的一致性标准是不够的。为此，引进了平均随机一致性指标 RI，对于 $n=1\sim11$，平均随机一致性指标 RI 的取值见表 3-2。

表 3-2　　对应于 $n=1\sim11$ 的 RI 取值

n	1	2	3	4	5	6	7	8	9	10	11
RI	0	0	0.58	0.90	1.12	1.24	1.32	1.41	1.45	1.49	1.51

定义 CR 为一致性比例，$CR=\frac{CI}{RI}$，当 $CR\leqslant0.10$ 时，则称判断矩阵具有满意的一致性，否则就不具有满意一致性。

（5）层次分析的总排序。计算同一层次所有因素对于最高层（总目标）相对重要性的排序权值，称为层次总排序，这一过程是由高层次到低层次逐层进行的。最低层（方案层）得到的层次总排序，就是 n 个被评估方案的总排序。若上一层次 A 包含 m

个因素 $A_1, A_2, \cdots, A_m$，其层次总排序权值分别为 $a_1, a_2, \cdots, a_m$，下一层次 B 包含 n 个因素 $B_1, B_2, \cdots, B_n$，它们对于因素 A_j 的层次单排序的权值分别为 $b_{1j}, b_{2j}, \cdots, b_{nj}$（当 B_k 与 A_j 无关时，取 b_{kj} 为 0），此时 B 层次中任一因素 B_i 的总排序权值为 $\sum_{j=1}^{m} a_j b_i$ 。

5. 求特征值和特征向量的具体计算

想要计算矩阵 A 的最大特征根和最大特征向量是一件比较麻烦的事情。一般来说，采用和积法来进行近似计算。令

$$M_i = \prod_{j=1}^{n} a_{ij} \tag{3-3}$$

$$w_i = \sqrt[n]{M_i} \tag{3-4}$$

则 w 认为是最大特征向量。对其归一化，得到

$$\overline{w}_i = \frac{\overline{w}_i}{\sum \overline{w}_i} \tag{3-5}$$

则 $\overline{w}$ 为权重向量。最大特征根

$$\lambda = \sum_i \frac{(A\overline{w})_i}{n w_i} \tag{3-6}$$

之后可以根据前面提到的公式算出 CR 值，从而可以判断出矩阵是否满足一致性。

3.1.5 农业用水效率评价指标选定

农业水资源的高效利用指在一定的供水条件下，最大限度地减少水分在输配水、田间灌水、作物利用等过程中的损失，以获得较高的经济效益、生态效益、社会效益等，达到农业水资源的最优利用。总体来说，农业用水效率可以从灌溉水利用与灌溉面积两个方面进行评价。

1. 灌溉用水

(1) 渠系水利用系数。渠系水利用系数是指末级固定渠道放出的总水量与渠首引进的总水量的比值，其与灌区自然条件、渠系配置、工程状况、用水管理等因素有关，是衡量灌区渠系输水过程中灌溉水源利用程度的一个重要指标，也是集中反映灌溉工程质量、灌溉技术水平和灌溉管理水平的一项综合指标。

计算公式：

$$\text{渠系水利用系数} = \text{灌溉渠系的净流量}/\text{灌溉渠系的毛流量} \tag{3-7}$$

(2) 田间水利用系数。田间水利用系数是灌溉水有效利用系数的一个重要组成部分，同时又是评价田间灌溉管理与节水的一个重要指标。

计算公式：

田间水利用系数=净灌溉用水量/进入毛渠的水量 (3-8)

(3) 灌溉水有效利用系数。灌溉水利用系数是指在一次灌水期间被农作物利用的净水量与水源渠首处总引进水量的比值。它是衡量灌区从水源引水到田间作用吸收利用水的过程中水利用程度的一个重要指标，也是集中反映灌溉工程质量、灌溉技术水平和灌溉用水管理的一项综合指标，是评价农业水资源利用、指导节水灌溉和大中型灌区续建配套设施及节水改造健康发展的重要参考。

计算公式：

灌溉水有效利用系数=实际灌入田间的有效水量/渠首引入水量 (3-9)

2. 灌溉面积

灌溉面积的组成及其利用能够影响灌区的用水效率水平，应用节水灌溉面积率与耕地有效灌溉率两个指标从灌溉面积角度对农业用水效率进行评价。

(1) 节水灌溉面积率。计算公式：

节水灌溉面积率=(节水灌溉面积/灌溉面积)×100% (3-10)

(2) 耕地有效灌溉率。计算公式：

耕地有效灌溉率=(有效灌溉面积/耕地面积)×100% (3-11)

3.2 农业用水效率评价方法研究

3.2.1 常见用水效率评价方法

依据评价指标的多少，用水效率评价方法可以分为单项指标评价、多项指标评价、指标体系评价。前两种属于传统的评价方法，已经不能适应现今复杂的被评价对象与评价要求。用水效率评价要求从不同方面进行分析，然后汇集合成作出全面统一的评价。因此，如今使用的评价方法一般为指标体系的综合评价方法。

国内外提出的综合评价方法已有几十种之多，应用于用水效率评价领域的也有十几种，有层次分析法、模糊评价法等主观赋权评价法，也有根据指标之间的相关关系或各项指标的变异系数来确定权重系数的客观赋权评价法，如灰色关联度法、模糊评价法、主成分分析法等。以下对几种常见的用水效率评价方法作一简要的概述。

1. 层次分析法

层次分析法介绍见“3.1.4 指标筛选方法”。

2. 灰色关联度评价法

1982 年，华中理工大学邓聚龙教授首先提出了灰色系统的概念，并建立了灰色系统理论。之后，灰色系统理论得到了较深入的研究，并在许多方面获得了成功的应用。灰色系统理论认为，人们对客观事物的认识具有广泛的灰色性，即信息的不完全性和不确定性，因而由客观事物所形成的是一种灰色系统，即部分信息已知、部分信息未知的系统，比如社会系统、经济系统、生态系统等都可以看做是灰色系统。人们对被评价事物的认识也具有灰色性，因而可以借助于灰色系统的相关理论来研究综合评价问题。在进行综合评价时，这种方法的数学处理不太复杂，能使用样本所提供的全部信息；它等同看待各评价指标，这可避免主观因素对评价结果的影响；而且能通过改变分辨系数的大小来提高综合评价的区分效度。用这种方法进行综合评价的基本思路是：由样本资料确定一个最优参考序列，通过计算各样本序列与该参考序列的关联度，就能对评价目标作出综合分析。灰色关联度分析法步骤如下。

（1）确定反映系统行为特征的参考数列和影响系统行为的比较数列。

（2）对参考数列和比较数列进行无量纲化处理。

（3）求参考数列与比较数列的灰色关联系数 $\xi(X_i)$。

若参考类型数列为：$X_0=[X_0(1),X_0(2),\cdots,X_0(n)]$，被评价类型数列为：$X_i=[X_i(1),X_i2),\cdots,X_i(n)]$，$(i=1,2,\cdots,N)$。则被评价数列 X_I 与参考数列 X_0 之间的关联系数可定义为：被评价类型与参考类型各指标的关联系数的平均值称为被比较数列 X_i 与参考数列 X_0 之间的关联度：

$$\xi_1(k)=\frac{\min\min|X_0(k)-X_1(k)|+p\max\max|X_0(k)-X_1(k)|}{|X_0(k)-X_1(k)|+p\max\max|X_0(k)-X_1(k)|} \tag{3-12}$$

$\Delta i(k)=|X_i(k)-X_0(k)|$ 差序列，其中 ξ 为分辨系数，最大（小）绝对差（即 Δ_{max}、Δ_{min}）分辨系数 P，分辨系数取值范围通常为 0～1 之间。

（4）求关联度。为了明确各个指标的不同重要性，根据各指标作用的大小，分别给以不同的权重 $\omega(k)$，关联度按下式计算：

$$GL(i)=\sum_{k=1}^{n}w(k)\xi_1(k)| \tag{3-13}$$

求得被评价类型与参考类型的加权关联度，通过比较，可进行数量化的综合评价。

（5）排关联序。因素间的关联程度，主要是用关联度的大小次序描述，而不仅是关联度的大小。将 m 个子序列对同一母序列的关联度按大小顺序排列起来，便组成了关联序，记为 $\{x\}$，它反映了对于母序列来说各子序列的“优劣”关系。

3. 主成分分析法

主成分分析即 Principal Components Analysis（PCA）是由 Karl 和 Pearson 最早在 1901 年提出，只不过当时是应用于非随机变量。1933 年 Hotelling 将这个概念推广到随机向量。该方法是利用降维的思想，把多指标转化为几个综合指标的多元统计分析方法。主成分分析的基本原理：主成分分析是一种数学变换的方法。它把给定的一组相关变量通过线性变换转成另一组不相关的变量，这些新的变量按照方差依次递减的顺序排列。在数学变换中保持变量的总方差不变，使第一变量具有最大的方差，称为第一主成分，第二变量的方差次大，并且和第一变量不相关，称为第二主成分。以此类推，K 个变量就有 K 个主成分。通过主成分分析方法，可以根据专业知识和指标所反映的独特含义给予提取的主成分因子新的命名，从而得到合理的解释性变量。主成分分析法能够用较少的指标来代替原来较多的指标，并使这些较少的指标尽可能地反映原来指标的信息，从根本上解决了指标间的信息重叠问题，又大大简化了原指标体系的指标结构，是应用较多的一种评价方法。主成分分析法步骤如下。

（1）构造数据矩阵。设评价对象个数为 n，评价指标个数为 p（$n>p$），则 n 个样本的指标值构成如下样本矩阵 $\boldsymbol{X}$

$$\boldsymbol{X}=\begin{bmatrix} x_{11} & x_{12} & \cdots & x_{1p} \\ x_{21} & x_{22} & \cdots & x_{2p} \\ \vdots & \vdots & & \vdots \\ x_{n1} & x_{n2} & \cdots & x_{np} \end{bmatrix}$$

（2）标准化处理。为了消除系统统计误差及量纲差异的影响，对原始数据进行标准化处理，标准化公式为

$$x_{ij}^{*}=\frac{x_{ij}-\overline{x_j}}{\sigma_j}(i=1,2,\cdots,n;j=1,2,\cdots,p) \tag{3-14}$$

式中：x_{ij}、x_{ij}^{*} 分别为标准原始值和标准化值；$\overline{x}_j$、σ_j 分别为第 j 个变量的平均值和标准差。

（3）求标准化数据的相关矩阵：

$$R=[r_{ij}]_{p\times p} \tag{3-15}$$

$$r_{ij}=\frac{1}{n}\sum_{n}^{1}(x_{hi}-\overline{x_j})(x_{kj}-\overline{x_j})/(\sigma_i\sigma_j) \tag{3-16}$$

式中：r_{ij} 为原变量 x_i 与 x_j 的相关系数，$r_{ij}=r_{ji}$。

（4）计算特征值和特征向量。根据特征方程计算特征值，求出 $\lambda_1,\lambda_2,\cdots,\lambda_p$，并使其从大到小排列，同时求得对应的特征向量 $u_1,u_2,\cdots,u_p$。

(5) 计算贡献率和累计贡献率。

$$e_m = \lambda_i / \sum_{i=1}^{p} \lambda_i \tag{3-17}$$

式中：e_m 为贡献率。

累积贡献率为

$$E_m = \sum_{j=1}^{m} \lambda_j / \sum_{i=1}^{p} \lambda_i \tag{3-18}$$

一般取累积贡献率达到85%（依据实际应用情况调整）以上的作为主成分。

(6) 计算主成分载荷。

$$z_m = \sum_{j=1}^{n} \sum_{i=1}^{p} u_{ij} x_{ij}^{*} \tag{3-19}$$

主成分载荷为主成分与变量之间的相关系数。

(7) 用原指标的线性组合来表示主成分。以各主成分对原指标的载荷系数为权，将各主成分表示为原指标的线性组合，即

$$y_k = a_{k1} x_1 + a_{k2} x_2 + \cdots + a_{kp} x_p \quad (k = 1, 2, \cdots, m) \tag{3-20}$$

4. 模糊评价法

模糊评价法是运用模糊集理论对受多种因素影响的事物做出全面评价的一种十分有效的多因素决策方法，所以，模糊综合评判又称为模糊综合决策或模糊多元决策。模糊综合评判主要考虑到人们对一个受多因素影响的事物评价不是简单的好与坏，而是采用模糊语言分成不同的等级进行评价，它注重各因素在评价目标中的重要性排序。模糊综合评判的数学模型可分为一级模型和多级模型。

应用模糊评价法时，除了确定评价指标及其权重和评价尺度外，还要对各评价指标进行评定。这种评定是一种模糊映射，其可能程度的大小用隶属度来反映。模糊评价法的其主要步骤如下：①组成专家评价小组；②确定系统评价指标集；③利用专家评价或其他各种方法确定各评价指标的权重；④按照制定的评价尺度对各评价指标进行评定；⑤计算替代方案的综合评定向量；⑥计算替代方案的优先度，并根据各替代方案优先度的大小对各替代方案进行排序，为决策者提供有用的信息。

模糊综合评价方法本身存在缺陷，取小取大的运算法则，使大量的有用信息遗失，模型的信息利用率低，评价因素越多，遗失的有用信息就越多，误判的可能性也就越大。

5. 人工神经网络方法

层次分析方法和模糊评价方法是应用比较广泛的静态评价方法，但这两种方法在权重的选取上具有较大的主观性，而且各项指标加权的结果容易把某些指标的极值淹没，掩盖某项或某几项指标程度，从而降低了评价的客观性。而人工神经网络（Artificial Neutral Networks，ANN）具有巨大的并行计算能力、分布式存储能力、非线性映射能力，较强的鲁棒性和容错性，自适应、自组织、自学习的能力，在处理复杂的人工智能问题上显示出极优越的地位，在模式识别、预测和预报、优化问题、神经控制、智能决策和专家系统等领域应用广泛。

神经网络方法是通过神经网络来模拟人脑结构、具有智能特点的一个前沿研究领域，它的一个重要特点是通过网络学习达到其输出与期望输出相符的结果，是具有智能信息处理的生物神经系统。

神经网络方法的特性表明它是一种不同于传统方法的全新的方法，在反映系统的动态发展趋势方面具有优越性，能增加评价结果的客观成分（赵林明，1999；戴文战，1999）。王慧敏（2000）将层次分析方法和神经网络方法相结合进行流域系统可持续发展的综合测度，应用层次分析方法进行静态的发展度测评，应用神经网络方法进行动态测度。赵会强等（1999）运用神经网络理论，选取农业节水指数等八大指标对河北省 11 个地市的节水水平进行了综合评价。

6. 群决策方法

国外群决策理论和方法在水资源管理上的应用研究主要集中在决策支持系统的研究上面。研究的对象主要是单个水资源工程的社会经济和环境影响，单一河流或湖泊的规划和管理问题。国外基于计算机网络的水资源管理群决策方式优点是充分利用现代信息技术的便利，使参与决策的人数更加广泛；不足的是针对大范围区域内水资源总体规划的群决策问题研究不够。20 世纪 90 年代我国学者在多属性群决策领域取得了一些创新性的研究成果，在多准则评价方法、多属性决策分析方法、模糊多准则决策分析、多层次多目标群决策方法等在水资源管理问题上的应用做了不少研究（聂相田等，1999）。但群决策方法的理论基础研究不够，很多问题都还有待解决。

7. 数据包络分析法

数据包络分析法（Data Envelopment Analysis，DEA）由美国运筹学家 Charnes、Coopor 和 Rhodes 于 1978 年提出，该方法主要是通过保持决策单元（Decision Making Units，DMU）的输出或输入不变，借助数学规划和统计数据确定相对有效的生产前沿面，将各个 DMU 投影到 DEA 的生产前沿面上，并通过比较 DMU 偏离 DEA 前沿面的程度来评价它们的相对有效性。DEA 的显著特点是不需考虑投入产出之间的函数关系，而且不需预先估计参数，不需做任何权重假设，避免了主观因素；直接通过产出与投入之间加权和之比，计算决策单元的投入产出效率。此外，应用 DEA 建立模型前无须对数据进行无量纲化处理。

但是在应用 DEA 模型时也有一些值得注意的地方。通常认为参考集元素的个数不少于输入、输出指标总数的两倍为好。数据应保证严格非负。如果输入和输出变量之间存在较大的相关关系，DEA 的区分能力将会变弱。

3.2.2 用水效率评价方法对比分析

每种方法考虑问题的侧重点不尽相同，又具有各自的优缺点。部分研究采用不同方法评价区域用水效率，得出了大相径庭的结果，鉴于所选择的方法不同，可能导致评价结果不一致性，因而在进行多目标综合评价时，应具体问题具体分析，根据被评价对象本身的特性，在遵循客观性、可操作性和有效性原则的基础上选择合适的用水效率评价方法。各种可用于用水效率评价的评价方法对比如表 3-3 所示。

表 3-3 常用用水效率评价方法

方法名称	方法描述	优点	缺点
专家会议法	组织专家面对面交流，通过讨论形成评价结果	操作简单，结论易于使用	主观性强
Delphi 法	征询专家，用信件背靠背评价、汇总、收敛		
DEA 法	以相对效率为基础，以较多指标投入和多指标产出，对同类型单位相对有效性进行评价，是基于一组标准来确定相对有效生产前沿面	可以评价多输入多输出大系统，可找出薄弱环节进行改进	函数关系复杂
主成分分析法	以较少的综合指标代替原来较多的指标	全面性，可比性	需要大量的统计数据
聚类分析法	计算指标间的距离或相似系数，进行聚类	解决相关程度大的评价对象	需要大量的统计数据
关联矩阵法	确定评价对象与权重，对替代方案有关评价项目确定价值量	方法简单	只能用于静态评价
层次分析法	针对多层次结构，确定判断矩阵，求出权重，进行排序	可靠度比较高，误差小	评价指标不宜太多
模糊评价法	确定对象集和指标集，引入隶属函数，将约束条件量化表示，进行数学解答	可解决评价信息的模糊性问题，克服传统数学方法中唯一解的弊端	不能解决信息不完全或不充分问题，特征化处理中可能导致数据丢失
灰色关联度评价法	利用白化权函数，求得指标隶属于某一灰类的程度，通过各指标权重与灰色评价矩阵的合成得出综合评价结果	可解决评价信息不完全的问题，充分利用白化信息	不能处理信息本身存在很大模糊性问题
人工神经网络法	智能化处理过程，“揣摩”“提炼”评价对象本身的客观性规律	自适应能力、可容错性，可处理非线性、非局域性与非凹凸性的大型复杂系统	需要大量的训练样本

根据表 3-3 中各种方法的比较结果，结合重点用水监控单位用水效率评价的实际情况，本研究建议采用层次分析法作为农业、工业和生活服务业重点用水监控单位用水效率的统一评价方法，易于操作，而且评价结果具有可比性。

3.2.3　典型农业用水效率评价

1. 典型灌区概况

里自沽灌区位于天津市宝坻区东南部，潮白新河两岸，耕地面积 3.12 万 hm^2，是天津市重要粮食生产基地。里自沽灌区属北温带大陆季风气候，四季分明，多年平均气温 11.1℃，极端最高气温 40.3℃，极端最低气温－27.0℃，全年日照时数 2609h，无霜期 190d。冻土层 0.5～0.8m。里自沽灌区多年平均降水量 611mm，其中夏季 6—9 月为 510mm，占全年的 83.4%。降水量年际间变化较大，最大年降水量 1052mm，最小年降水量 384mm，两者相差 2.74 倍。多年平均水面蒸发量 1785mm。里自沽灌区灌溉水源主要依靠潮白新河上的里自沽蓄水闸，灌区内还有箭杆河、导流河和秀针河 3 条二级河道，另外有小水库 3 座、坑塘 409 个及 213 条干支渠。灌区中除潮白河两岸部分耕地自流灌溉外，大部分耕地利用扬水站（点）从渠道提水灌溉，全灌区共有灌溉扬水站（点）423 座。灌区排水均为机排，共有排涝扬水站 10 座，设计总排水能力 147.6m^3/s，除涝标准已达到 5～10 年一遇标准。

2. 指标体系的建立

农业用水的利用效率是指从水源到作物过程中灌溉用水的利用效率。农业用水效率及效益评价指标是一个复杂的大系统，需建立一个各有侧重又相互关联的综合反映水资源的指标体系。综合分析评价指标体系的制定和判断是一个很复杂的问题，在我国，这方面的工作尚处于研究之中。根据评价指标体系构建原则，结合农业用水的过程和具体特点，参考国内外农业用水效率评价等方面已有成果，本书构建了灌区农业用水效率与效益评价指标体系，见图 3-1。该指标体系包括目标层和指标层 2 个层次，共 5 项，基本能够较全面地刻画农业灌区的用水效率与效益情况，且这些指标能够定量计算，数值易获取，便于实际应用。2004—2008 年里自沽灌区农业用水效率与效益系统各指标值列于表 3-4。

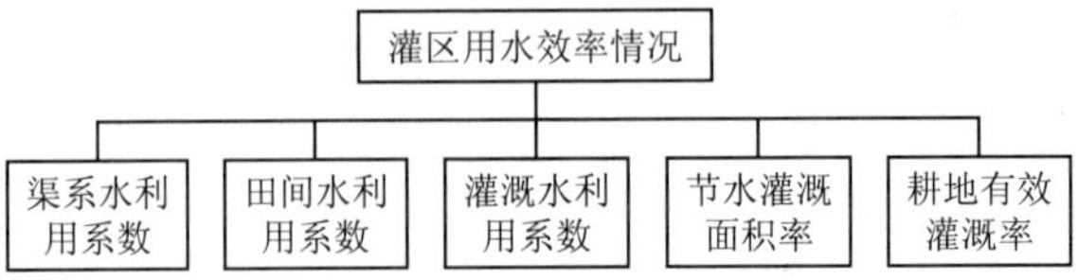

图 3-1　里自沽灌区农业用水效率评价指标体系层次结构

表 3-4 里自沽灌区农业用水效率指标值（2004—2008 年）

年份	2004	2005	2006	2007	2008
渠系水利用系数 C_1	0.64	0.40	0.65	0.66	0.63
田间水利用系数 C_2	0.84	0.84	0.86	0.86	0.87
灌溉水利用系数 C_3	0.54	0.54	0.56	0.57	0.55
节水灌溉面积率 C_4	0.34	0.39	0.41	0.45	0.45
耕地有效灌溉率 C_5	0.76	0.78	0.80	0.83	0.85

3. 评价结果计算

构建评价指标判断矩阵，并计算得到各指标权重值，详见表 3-5。对里自沽灌区 2004—2008 年的指标值进行标准化处理，并根据表 3-5 确定的各指标权重，计算得到 2004—2008 年里自沽灌区农业用水效率评价分值，详见表 3-6。农业用水效率评价标准为：评价结果分值 $P_{z_i} \geqslant 90$ 表明灌区的用水效率状况为优秀；$90 > P_{z_i} \geqslant 75$ 为良好；$75 > P_{z_i} \geqslant 60$ 为合格；$P_{z_i} < 60$ 为不合格。表 3-6 中的评价结果显示，里自沽灌区在 2004—2008 年的用水效率状况都为合格。2004—2008 年评价分值呈增长趋势，表明里自沽大型灌区经过 2004—2008 年的节水灌溉建设，各种灌溉配套工程较全面，工程节水技术（包括渠道防渗技术、管道输水技术、改进地面灌溉技术、水稻节水灌溉技术等）全面推广。减少了输配水过程的跑漏损失和田间灌水过程的深层渗漏损失，提高灌溉水利用率。对大部分农民进行了农艺节水技术的培训，提高了田间水利用系数。同时，灌区管理人员加强了整个灌区的节水灌溉管理。研究结果表明，在工程状况改善与管理水平提高的情况下，整个灌区的灌溉水利用率不断提高。

表 3-5 评判指标判断矩阵和权重

指标	C_1	C_2	C_3	C_4	C_5	M_i	$\overline{W}_i$	q_i
C_1	1	1	1	2	3	6	1.348	0.252
C_2	1	1	1	2	3	6	1.348	0.252
C_3	1	1	1	2	3	6	1.348	0.252
C_4	0.5	0.5	0.5	1	2	0.25	0.794	0.148
C_5	0.333	0.333	0.333	0.5	1	0.019	0.514	0.096

表 3-6 里自沽灌区农业用水效率（2004—2008 年）评价结果

年份	指标	指标值 Z	最大值 Z_m	最优值 Z_u	规范化值 Z	指标权重 q	q_iZ_i	分值 P_{zi}
2004	C_1	0.64	1	1	64.0	0.252	16.1	63.2
	C_2	0.84	1	1	84.0	0.252	21.2	
	C_3	0.54	1	1	54.0	0.252	13.6	
	C_4	0.34	1	1	34.0	0.148	5.0	
	C_5	0.76	1	1	76.0	0.096	7.3	

续表

年份	指标	指标值 Z	最大值 Z_m	最优值 Z_u	规范化值 Z	指标权重 q	q_iZ_i	分值 P_{zi}
2005	C_1	0.64	1	1	64.0	0.252	16.1	64.2
	C_2	0.84	1	1	84.0	0.252	21.2	
	C_3	0.54	1	1	54.0	0.252	13.6	
	C_4	0.39	1	1	39.0	0.148	5.8	
	C_5	0.78	1	1	78.0	0.096	7.5	
2006	C_1	0.65	1	1	65.0	0.252	16.4	66.0
	C_2	0.86	1	1	86.0	0.252	21.7	
	C_3	0.56	1	1	56.0	0.252	14.1	
	C_4	0.41	1	1	41.0	0.148	6.1	
	C_5	0.80	1	1	80.0	0.096	7.7	
2007	C_1	0.66	1	1	66.0	0.252	16.6	67.4
	C_2	0.86	1	1	86.0	0.252	21.7	
	C_3	0.57	1	1	57.0	0.252	14.4	
	C_4	0.45	1	1	45.0	0.148	6.7	
	C_5	0.83	1	1	83.0	0.096	8.0	
2008	C_1	0.66	1	1	66.0	0.252	16.6	67.8
	C_2	0.87	1	1	87.0	0.252	21.9	
	C_3	0.57	1	1	57.0	0.252	14.4	
	C_4	0.45	1	1	45.0	0.148	6.7	
	C_5	0.85	1	1	85.0	0.096	8.2	

3.3　评价信息反馈机制

1. 奖惩机制

为促进大中型灌区提高用水效率的积极性，水行政主管部门应建立用水效率评价奖惩机制。根据大中型灌区的用水计量监测数据，利用层次分析法和建立的大中型灌区的用水效率评价指标体系，对大中型灌区进行用水效率评价，得到评价结果。评价结果分为优秀、良好、合格、不合格 4 个等级。根据对大中型灌区的用水效率评价结果，对评价结果优秀、良好和合格的大中型灌区给予相应的奖励；对评价结果不合格的大中型灌区，要求其及时提出整改措施，并给予罚款、警告或通告批评。

2. 调控措施

评价结果不合格的大中型灌区根据水行政主管部门反馈的用水效率评价信息，结合自身用水特点和存在的不足，提出相适宜的调控措施，主要包括管理措施和技术措施，以达到提高用水效率的目标。

第4章 》

灌区用水计量监控一体化关键技术

4.1 水源计量监控一体化技术

4.1.1 智能装配式井筒泵站

我国中小型灌排泵站量大、面广，是农业水利基础设施的重要组成部分，对保障人民群众的生活生产安全、农业稳产高产、国家粮食安全等发挥着不可替代的作用。传统泵站存在以下问题：土建工程量大，投资较大；施工困难，建设工期长；占用农田，影响农机耕作；泵房设施易被盗，需要专人看护；进水池易淤积，清淤困难；拦污栅易堵塞，清理困难；低水位不能淹没水泵使其无法正常提水等。

智能装配式井筒泵站是一种智能化、集成化、装配式、适用于多种环境的新型灌排泵站，以农用机井抽取地下水的形式抽取河湖水，改变了传统泵站由进水池、水泵室、泵房等组成的泵站结构形式。主要包括进水口防淤积、水泵室自清洗、拦污笼自动清理污物、超低水位引水、低水位自动断电保护、远程控制水泵启停、远程监测泵站运行状况以及智能保护等功能。根据选择泵型的不同分为井筒式轴流泵站和井筒式潜污泵站（图4-1）。

1. 泵站组成

智能装配式井筒泵站主要由进水口、出水弯头、引水管、水泵室、井筒管、拦污笼、防淤盖板、清污齿、液压升降系统、潜水泵、上水管、电磁流量计、止回阀、进排气阀、压力传感器以及智能控制柜等组成，如图4-1所示。

（1）进水口、弯头及引水管。进水口为圆形锥管喇叭状结构，锥管下端为弯头，弯头连接进水管；引水管为水平放置，进水口为垂直放置，进水口向上，水流向下引

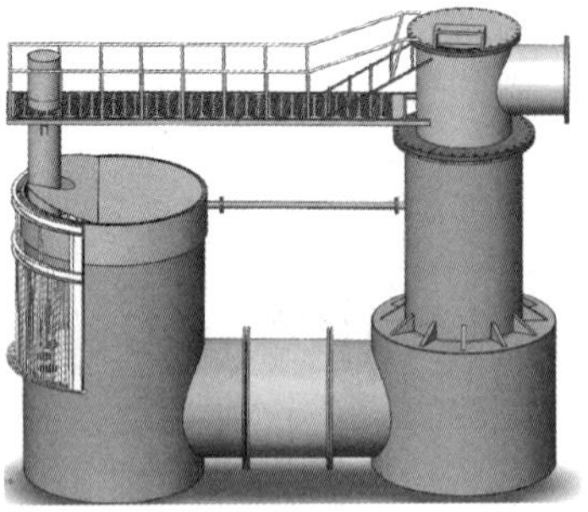

(a) 井筒式轴流泵站

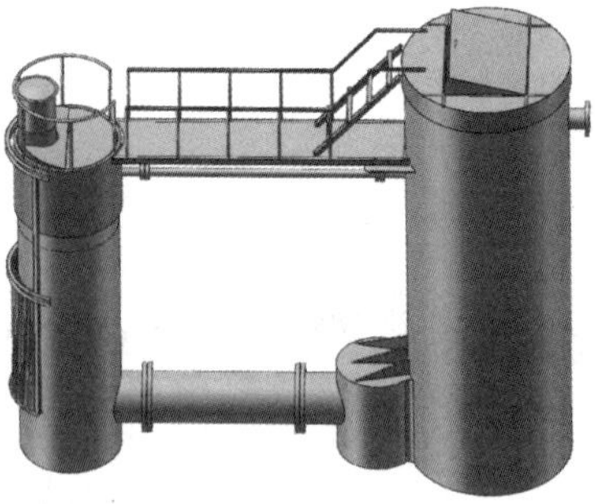

(b) 井筒式潜污泵站

(c) 智能装配式井筒泵站现场图

图 4－1　智能装配式井筒泵站

水。进水口直径大于引水管直径，进水口下端为喇叭状锥形管，锥形管与弯头相连接，进水口锥管相当于扩散管，以确保进水充分。进水口上端设置国标法兰，以便与拦污笼相连接。弯头上端为锥形管，弯头侧端为引水管，弯头直径与进水管相同。引水管为进水口与水泵室的连接管，与弯头、进水口为一体结构；引水管设计流速为 1.0m/s，确保引水管内不冲不淤。

(2) 水泵室。水泵室为双管导流结构，其与引水管为法兰连接；水泵室外管为进水导流管，其内管为井筒管，水流进入水泵室外管后，经导流向下流动，冲刷水泵室底部，确保水泵室不淤积；水流进入水泵室底部后再进入井筒管，由水泵提水输送至管道。水泵室外管与井筒管之间过水断面应满足引水管过水流量要求，其流速为1.0m/s左右。

(3) 井筒管。井筒管置于水泵室外管内部，其底部与水泵室底部距离大于等于0.2m，以满足井筒管进水流量为准。井筒管直径应满足水泵安装要求，同时应满足水泵与井筒管井壁之间的过水断面。井筒管顶部设置国标法兰，以便与井筒护管连接。

(4) 钢制井筒护管、井筒管护帽。井筒护管置于井筒管上部，其作用为安装水泵、保护井筒管；井筒护管采用热镀锌无缝钢管，其与井筒管直径相同；井筒护管上下两端设置国标法兰，其下端与玻璃钢井筒管连接，其上端与井筒护帽相连接。井筒护帽位于井筒护管上端，与井筒护管为法兰连接；井筒护帽下部为吊泵井盘、出水弯头、止回阀、压力传感器、进排气阀和吊钩。

(5) 拦污笼、防淤盖板、自动清污机。拦污笼置于进水口上部，与进水口为法兰连接；拦污笼高度700mm，拦污笼为竖向分布，其间距20～30mm；防淤盖板置于拦污笼内部、进水口上方，其直径略大于进水口直径，其边缘设置清污齿，清污齿与拦污笼间隙相对应。

(6) 液压升降机、液压泵站。液压升降机置于拦污笼顶部，主要作用是控制防淤盖板打开与关闭。液压升降机由液压油缸、支撑底座、防护帽、液压油管、电动液压泵站组成。液压油缸高度600mm，其活塞杆直径40mm，活塞杆升降高度500mm；起重量为3t。液压油管采用20MPa高压油管，其接头均为不锈钢材质。液压泵站置于控制柜底部，通过液压油管控制液压油缸升降起落。

(7) 水泵、上水管、电磁流量计、多功能保护阀。

1) 水泵采用井用潜水泵，以便于在井筒管内安装和拆卸维修。

2) 上水管采用镀锌无缝钢管，与水泵位法兰连接。

3) 电磁流量计安装于上水管中上部，其上端与出水弯头相连接，其下端与上水钢管法兰连接；电磁流量计数据线通过穿线管连接到控制柜。

4) 多功能保护阀由弯头、止回阀、压力传感器、进排气阀组成，其下端以法兰与电磁流量计连接，其出水端以法兰与地下管道相连接；压力传感器信号线通过穿线管连接到控制柜。

(8) 智能控制柜。智能控制柜由柜体、变频器、电能表、接线端子、液晶面板组成，其底部装配液压泵站和电源断路器。智能控制柜具有智能保护（电压缺相、过压/失压保护、输出水压保护、进水口水位下限保护）、远程控制（远程控制水泵启动与停止）、远程监测（远程监测电流、电压、电量、输出水量、输出压力、进水口水位、泵站影像）等功能。

2. 智能装配式井筒泵站土建设计

（1）井筒式轴流泵站典型设计。图 4－2 为井筒式轴流泵站在河道边坡安装（无引水渠）设计形式。

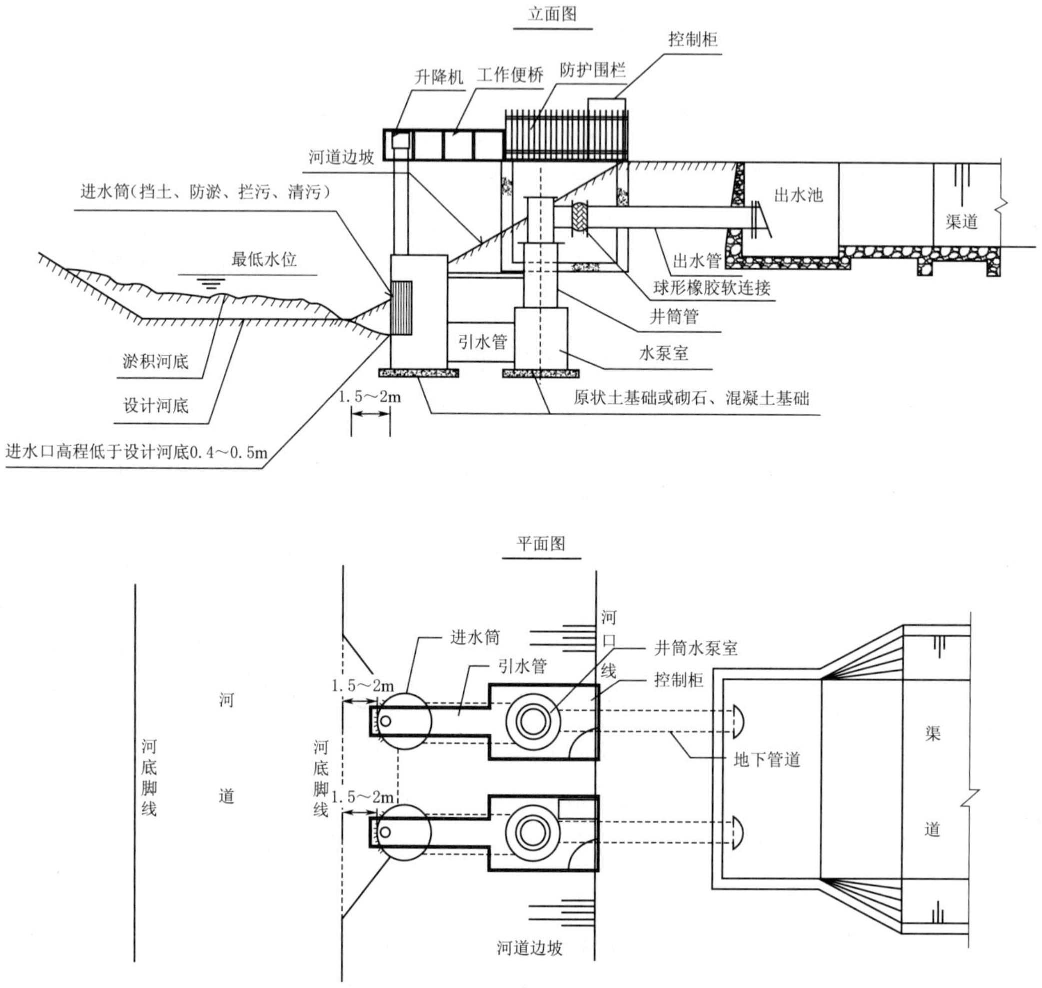

图 4－2　井筒式轴流泵站设计图

1）进水口高程：河道淤积较轻地段，低于设计河底 0.3m，河道淤积严重地段与设计河底同高。

2）进水口位置：河道边坡 1∶3 时，距河底脚线 2m 左右，边坡 1∶15 时距河底脚线 1.0m 左右。

3）基槽开挖必须打井降水或采用钢板桩支护施工，确保干槽施工。

4）基础处理：原状土基础即可，亦可做混凝土预制块基础。

5）施工回填：适宜含水量素土分层夯实回填，切忌用河道淤泥回填。

（2）井筒式潜污泵站典型设计。图 4－3 为井筒式潜污泵站在河道边坡安装（无引水渠）设计形式。

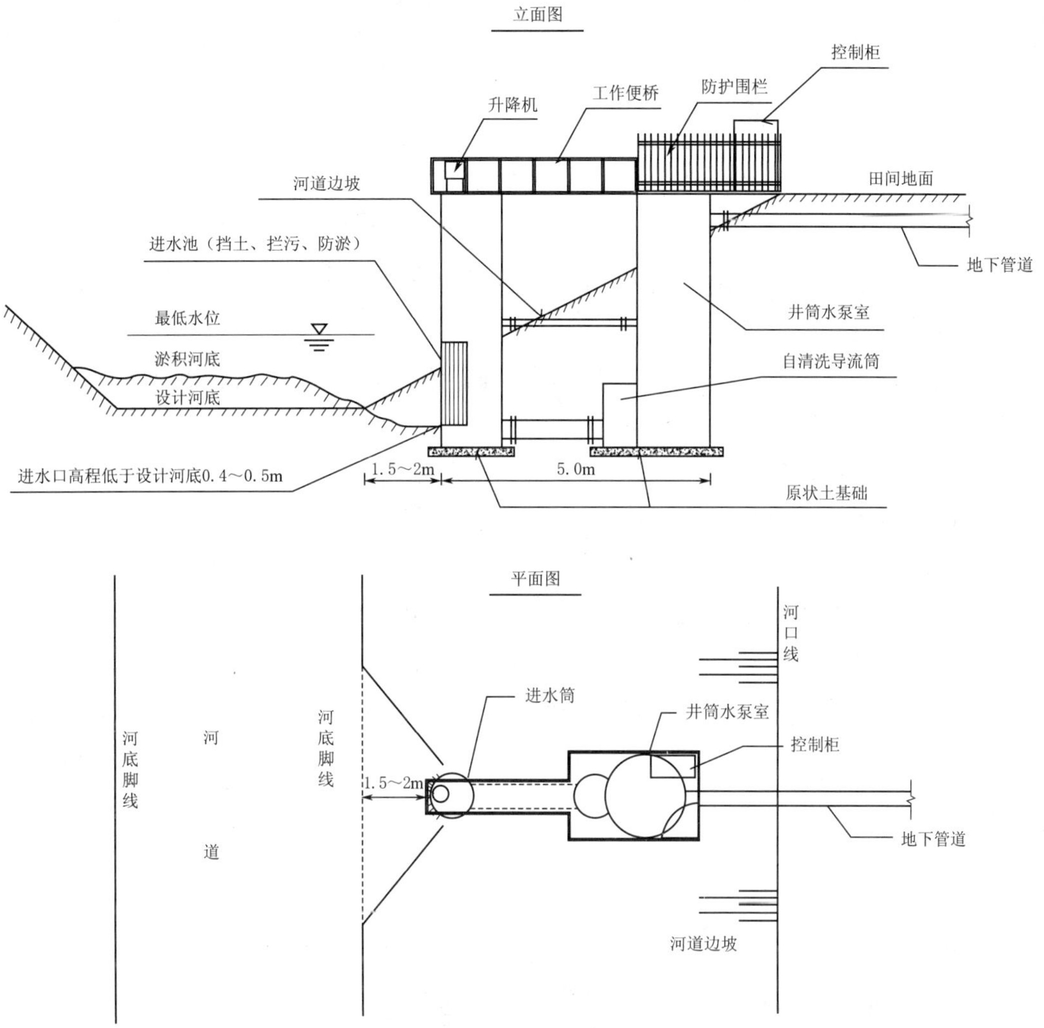

图 4－3　井筒式潜污泵站设计图

1）进水口高程：河道淤积较轻地段，低于设计河底 0.3m，河道淤积严重地段与设计河底同高。

2）进水口位置：河道边坡 1∶3 时，距河底脚线 1.5m 左右，边坡 1∶15 时距河底脚线 1.0m 左右。

3）基槽开挖必须打井降水或采用钢板桩支护施工，确保干槽施工。

4）基础处理：原状土基础即可，亦可做混凝土预制块基础。

5）施工回填：适宜含水量素土分层夯实回填，切忌用河道淤泥回填。

（3）设计要点。

1）泵站选址：河道、沟渠岸边，河床稳定、边坡稳定地段。

2）设计要素：确定设计扬程和设计流量，以便选取水泵。

3）进水口高程：河道淤积严重地段，进水口高程低于河道淤积河底 0.5m 左右。河道淤积较轻地段进水口高程与设计河底同高。

4）进水口位置：进水口安装于河道底脚处 1～2m。

5）控制柜位置：控制柜安装于河口外侧 1～2m。

3. 测流方案

根据各种泵站在线流量监测方法的比选可知，超声波流量计和电磁管通流量计的测量精度相对较高；堰槽法适用场景相对受限。

根据河道水质情况，一般选取电磁管通流量计（图 4-4），其特点如下：

（1）适用污水、浑水各种水质。

（2）适用管道口径范围大（6～3000mm）。

（3）管道内无阻流部件，无附加压力损失。

（4）测量结果与流速分布、流体压力、温度、密度、黏度等物理参数无关。

（5）具有 RS485、RS232、Hart 和 Modbus 等数字信号输出。

（6）应用领域：广泛应用于化工、造纸、制糖、矿冶、给排水、环保、水利水电、钢铁、制药等领域，可用来测量各种酸、碱、盐溶液，泥浆、矿浆、纸浆、玉米浆、粮浆、石灰乳、冷却原水、给排水、双氧水、啤酒、麦汁、各种饮料、黑液、绿液等导电介质的体积流量测量。

（a）一体式电磁　　（b）分体式电磁　　（c）插入式电磁

图 4-4　智能井筒式泵站测流装备

4. 通信组网

水情信息数据根据需要传输到相应的信息中心或分中心进行存储和处理。

智能装配式井筒泵站可实现全套测控一体化设计，采集的流量、水位、电流、电压、影像等信息通过公共网络（GPRS、3G、4G、5G）传输到信息中心，控制器支持本地及远程控制。服务器设置在云端，也可设置在本地，用户可通过手机或者PC机登录远端服务器，远程监测、控制泵站。

5. 泵站特点

（1）可超低水位引水的竖向锥形引水口。传统泵站均为水平引水，水位较低时无法保证淹没深度，无法正常提水。本产品为圆形锥管进水口，进水口置于河道底部，口向上，水流向下流动，河道水位较低时，亦能确保正常进水。

（2）不怕淤积的泵站进水口。研制的泵站水泵室为封闭式结构，进水口设置防淤盖板，灌溉季节泵站运行时进水口防淤盖板自动打开，顶开淤泥正常进水，非灌溉季节泵站停止运行，进水口防淤盖板自动关闭，从而保证进水管和水泵室不会淤积。

（3）自动清污的拦污笼。进水口设拦污笼，拦污笼内设可升降的防淤盖板，防淤盖板边缘设清污齿，清污齿对应拦污笼的纵向拦污筋进水空隙，当拦污笼被污物堵塞时，可启动液压控制系统，使防淤盖板上下运动，防淤盖板边缘的清污齿可对拦污笼拦截的污物进行自动清理，从而确保泵站正常运行。

（4）自动清洗的水泵室。研制的水泵室为双管导流结构，水流进入水泵室后先沿水泵室外层向下冲刷水泵室底部，然后从井筒室底部向上再进入井筒水泵室。进入水泵室的淤泥污水随水泵抽走，从而不至于对水泵室造成淤积。

6. 与同类技术对比

（1）投资小。与传统泵站相比节省投资40%～60%。

（2）工期短。小型泵站工期1～2d，中型泵站工期5～10d（传统泵站工期一般40～60d）。

（3）不占耕地。整体泵站埋于地面以下，不占耕地、不影响农机耕作（传统泵站占用耕地、影响农机耕作）。

（4）不怕淤积。进水口设防淤盖板，河道淤泥可自动顶开，正常提水（传统泵站河道淤积无法正常提水，需经常清淤进水池）。

（5）启闭方便。一键启动，不抽真空，不灌引水（传统泵站一般需抽真空、灌引水）。

（6）管理方便。无泵房、无外露设施，智能监控，无需看护（传统泵站泵房及泵房内设施需要专人看护）。

（7）维修方便。打开井盖即可取出电机水泵，维修维护极为方便。

4.1.2 井电双控智能取水控制系统

井电双控智能取水控制系统通过IC卡机井灌溉控制箱对农田机井进行取水管理，

以 IC 卡刷卡取水的方式取代了传统的专人管理方式，实现了农业用水计量、水资源信息的自动化采集和测控。

1. 系统组成

井电双控智能取水控制系统由流量计、井电双控智能控制器、计算机、IC 卡、无线传输网络等组成，如图 4-5 所示。在每个机井旁边安装一台井电双控智能控制器，给每个农户发一张机井灌溉射频卡，每个水管站（村）配置一台计算机（或机井智能管理机），负责为本水管站（村）农户的 IC 卡充值，井电双控智能控制器通过无线 GPRS 方式和监控中心的计算机通信，定时向监控中心发送机井的各种监测数据，包括机井的总用电量、总取水量、年取水量、瞬时流量以及箱门开关状态、供电状态、用户余额状态、遥控状态等，监控中心可以远程遥控机井水泵启停。农户在浇地前必须先持 IC 卡充值，然后刷卡浇地，浇地完成后再次刷卡关闭水泵，取走 IC 卡，在本次浇地过程中用了多少水（电）费，就自动从农户卡内扣除多少，卡内余额用完，自动停止水泵，一台井电双控智能控制器可以供多个农户（轮流）使用。一台井电双控智能控制器最多可供 10000 个农户使用。

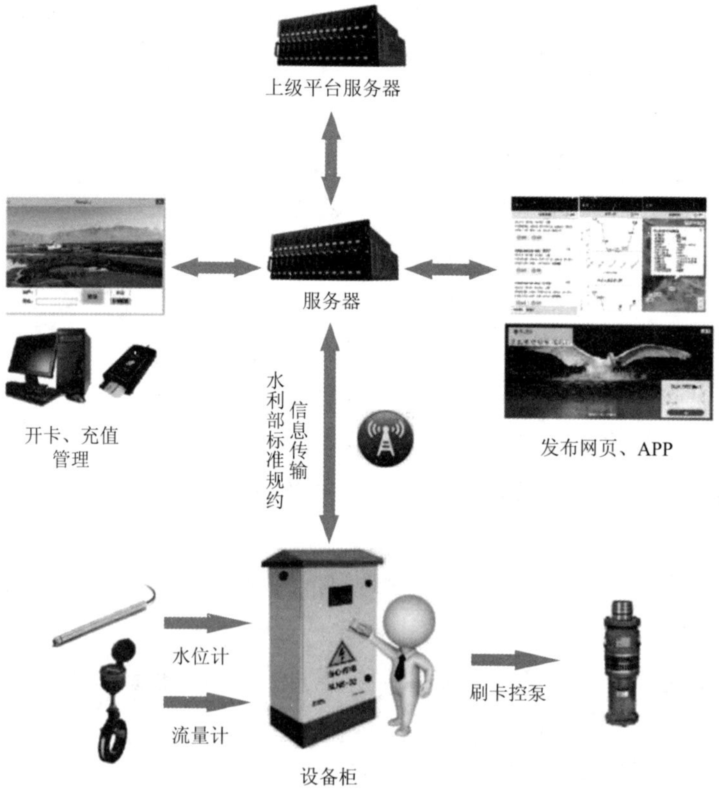

图 4-5　井电双控智能取水控制系统组成图

井电双控智能取水控制系统智能采集机井取水信息、用电信息、机井水位信息，使农用机井的安全管理实现了智能化、农业用水管理精准化，实现机井 IC 卡智能灌溉。为农业灌溉用水的计量管理、收费提供了现代化的手段，彻底改变了以往落后的管理方式，也彻底改变了农户的用水观念，还可以有效保证计划用水、节约用水目标的实现，为实行最严格的水资源管理提供强有力支撑，具有良好的社会效益和经济效益。

2. 系统功能

主要实现对用户 IC 卡的识别、施肥控制、水泵启停管理、水泵耗电计量和用水计量、机井水位计量、管道压力计量等。当用户刷卡取水灌溉时，在控制器刷卡感应区刷用户 IC 卡，控制器读取用户卡数据，并判断用户 IC 卡数据的合法性和用户 IC 卡中的剩余金额数据，满足启泵条件，智能控制器控制水泵启动。在取水过程中，设备自动读取流量传感器和电表数据，自动记录用户的用电量和用水量数据，并从卡中扣减用户余额。当用户再次刷卡或卡中余量扣减为零时，控制器能自动控制水泵停止，用户取水结束。智能控制器自动存储该用户本次开泵时间、停泵时间、本次使用电量、使用水量值等数据，并将记录数据传送至水资源管理平台。具体的功能如下：

（1）具有限制取水功能，年累计取水量超过设定限值时，自动停泵。

（2）水泵缺相、过载、过流或计量设备故障时，自动停泵，保障设备安全、计量准确。

（3）具有防雷保护功能，确保控制终端在雷雨季节安全运行。

（4）不同功率的机井（水泵），只需更换不同的交流接触器即可。

（5）手持式智能控制器具备无线抄表功能，可在机井周边 20m 内一键抄取该机井的所有农户用水记录。

（6）不同村的 IC 卡不能相互使用，即一个村的卡不能到另一个村使用。

（7）在使用时断电，IC 卡机井灌溉控制箱的数据不会丢失，来电后农户可继续使用。

（8）一台 IC 卡机井灌溉控制箱可供多个农户使用，一个农户也可使用多台 IC 卡机井灌溉控制箱。

（9）卡内金额小于设定的下限值时，IC 卡机井灌溉控制箱会自动发出报警信息，提示农户及时充值。

3. 系统特点

（1）采用非接触 IC 卡，通过无线方式读写卡中信息。

（2）兼容脉冲式、电磁式、超声波式水表或流量计。

（3）可选配脉冲式电表或串口输出的智能电表。

（4）采集精度高，电量计量精确到 0.1kW·h，水量计量精确到 0.01m^3，时间精确到秒。

（5）支持阶梯水价、水权管理和水权交易。

4.2　输配水计量监控一体化技术

4.2.1　渠道量测水系统

1. 灌区干渠水情监测系统

（1）系统构成。干渠水情监测系统以无人值守、在线监管的管理模式建设，主要监测要素包含干渠水位、流量等水情信息。水情监测系统以数据采集终端为核心，实现干渠水情的自动采集和远程传输，并配置雷达流量计、网络摄像机、无线通信终端、太阳能板浮充蓄电池电源系统、避雷设备等。干渠水情监测系统设备组成结构如图 4－6 所示。

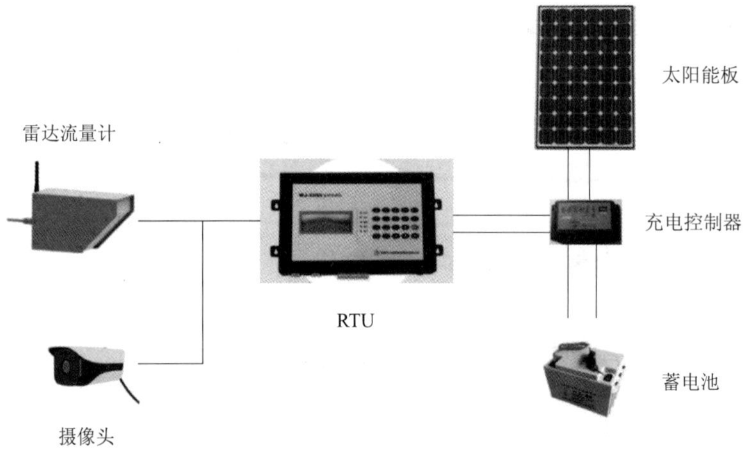

图 4－6　干渠水情监测系统

（2）功能要求。干渠水情监测系统应具有如下功能：

1）可定时或实时自动采集干渠水位、流量、定时抓拍图像和预警抓拍功能，采样间隔可设定。

2）能按定时或事件自报方式通过主备式信道发送数据，当第一发送信道不通时，自动切换到第二信道发送（亦可采用单信道）。

3）具有现地或远地编程能力，可设置参数，改变路径，读取数据。

4）可响应召测，接收来自测控中心的召测指令，根据指令要求将当前值、或将过去的记录值、或将所有存贮的数据通过指定的信道或指定的路径发送。

5）具有工况报告功能。

6）具备存储功能，水位流量数据存储容量应满足能连续记录1年的资料。

7）RTU能够支持4G传输图像，也可支持在线实时视频查看。

（3）站点安装。

1）雷达流量计安装。雷达流量计由以下部分构成：雷达流速仪、雷达水位计、供电电路、防护电路、流速水位采集电路、流量换算部分等，如图4-7所示。

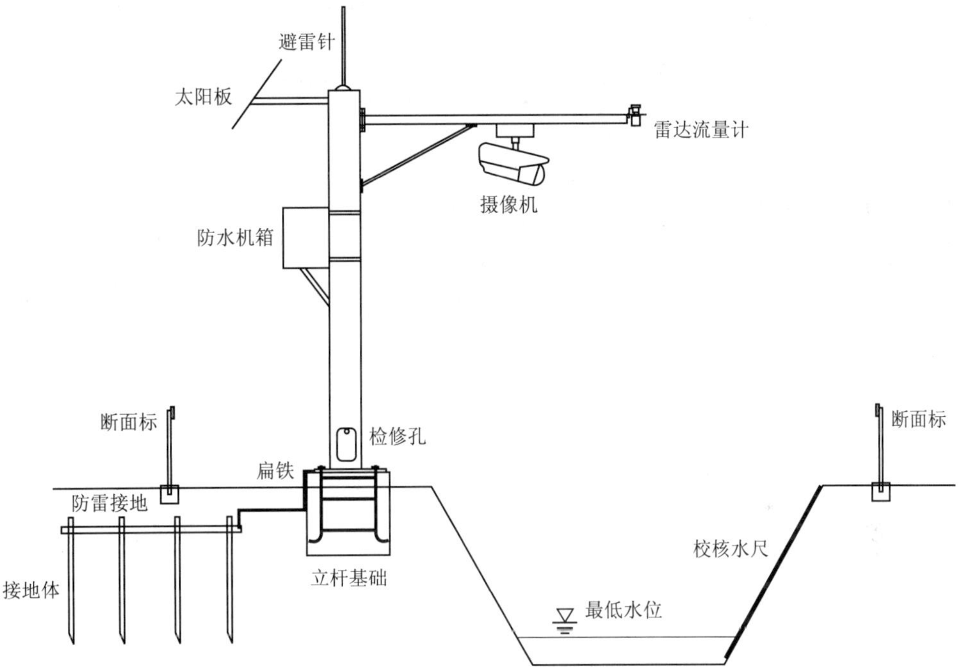

图4-7 水位流量图像监测站安装示意图

其采用的原理是非接触式的雷达多普勒效应，由于采用的是K波段的雷达波信号，属于电磁波范畴，因而不受环境温度、湿度、风速、灰尘等影响，是一款理想的非接触式流速、水位、流量测量设备。

其适用的场景有以下场合：①规则断面的流量测量，譬如明渠、灌区渠道、取水断面；②排水口等流量监控；③水电站、大坝泄洪口等流量监测；④规则河道、水资源监控、环保排污口监控等。

a. 渠道测点的选取应遵循以下原则：

a）宜选取容易实现断面控制的上游河段，其中石梁、急滩、弯道、卡口等的上游河段宜离开断面控制的距离不小于河宽的 5 倍，山溪性河流断面控制的距离放宽至河宽的 3 倍；段内应无巨大块石阻水，无巨大漩涡、乱流等现象。

b）测点宜顺直、稳定、水流集中，无分流岔流、斜流、回流、死水等现象；河宽、水深和比降应无明显变化，河槽河床上宜无水草纵生。

c）水库、湖泊出口或者堰闸站的测验河段宜选在建筑物的下游，并避开水流大的波动和异常紊动。

b. 引水干渠测点的选取应遵循以下原则：

a）渠道顺直、渠基固定、断面规则稳定，便于设备安装。

b）水流平顺均匀，不受闸门启闭和渠系建筑物壅水影响。

c）测量断面与水流方向垂直。

d）断面附近不应有影响水流的建筑物，树木或者杂草等，在建筑物下游时不受泄流的影响。

e）不宜设在淤积严重，水草或杂物较多处。

c. 对于雷达流量计这种非接触式的测量设备，安装点位避免如下位置：

a）避免河流或者渠道水流方向变化的地方，尽量保证水流方向和雷达流速仪方向平行，如图 4－8 所示。

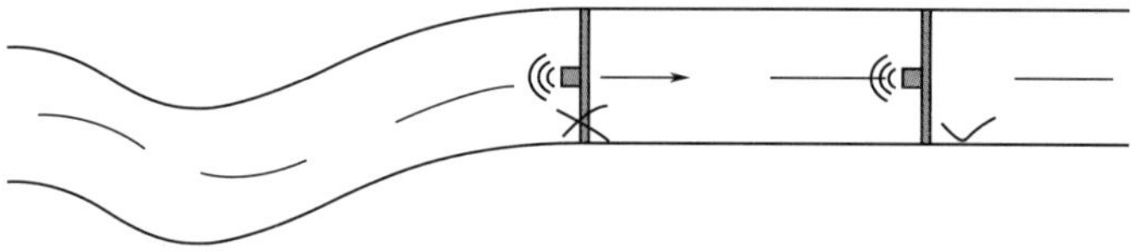

图 4－8　雷达流速仪安装示意图

b）避免雷达流速探头方向正对大落差水流，如图 4－9 所示。

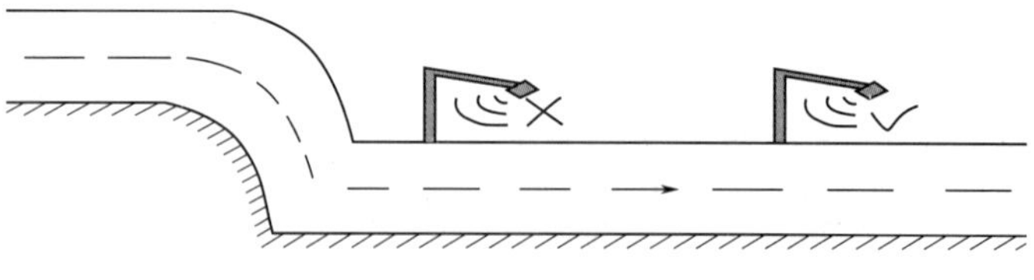

图 4－9　雷达流速探头安装示意图

c）避免安装点位于涵洞出口，山口风道等容易起风的位置，风对低流速测量有一定影响。

d. 雷达流速仪安装注意事项：

a）流速仪所在的面，正对水流来的方向，并保持流速仪的雷达波发射方向沿垂线的投影和水流方向平行，并使水流迎面而来，如图 4－10 所示。

b）采用专门的安装固定支架，安装固定螺丝拧紧，以防松脱。

c）允许条件下，尽量降低雷达流速仪到水面的距离，距离越近，接收到的发射信号越强，越利于低流速测量。

d）安装高度必须比历年最大水位高 3～5m，防止仪器被水淹没。

e）数据供电电缆通过水平支架管内穿出，线缆进出管道口处用专门的绝缘套管进行保护，防止管口切合线缆。

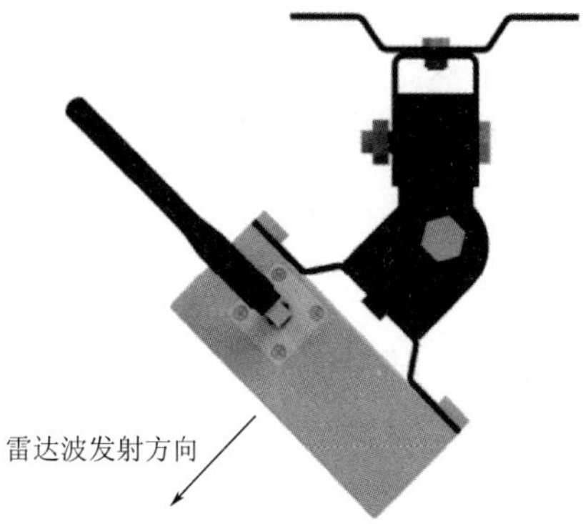

图 4－10 流速仪安装方向

f）流速仪雷达波发射方向与水流方向平行，流速仪发射波与水面呈一定的夹角。

g）雷达流量计探头到水面之间，保证探头的发射角内不能有障碍物。探头必须垂直于被测液面。

h）根据渠道的实际情况制作相应长度的水位计横杆，保证雷达探头在最低水位也能够测量出渠道水位。

雷达水位计安装位置如图 4－11 所示。

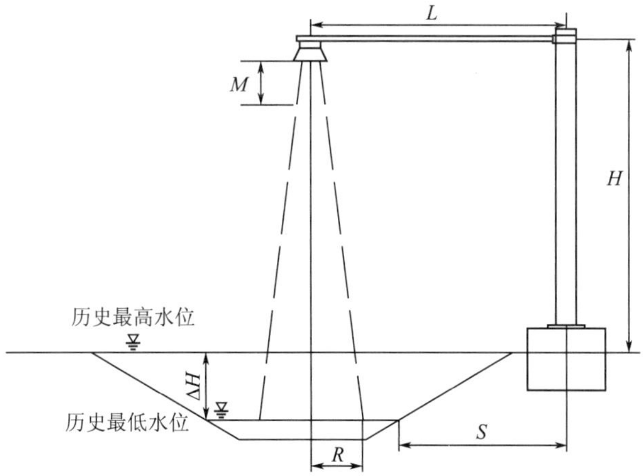

注：横杆最小长度（L）＝立柱距最低水位水边距离（S）＋波束角辐射圆半径（R）

波束角辐射圆半径（R）＝［立柱高度（H）＋水位变幅（ΔH）］×tan（波束角/2）

图 4－11 雷达水位计安装位置关系图

H—立柱高度；L—横杆长度；S—立柱到水边距离；M—雷达水位计盲区；

R—波束角辐射半径；ΔH—水位变幅

2）校核水尺安装。校核水尺主要是用于渠道上的水位校核，以便对雷达测量的水位进行数据校核。

校核水尺安装要求如下（图 4－12）：

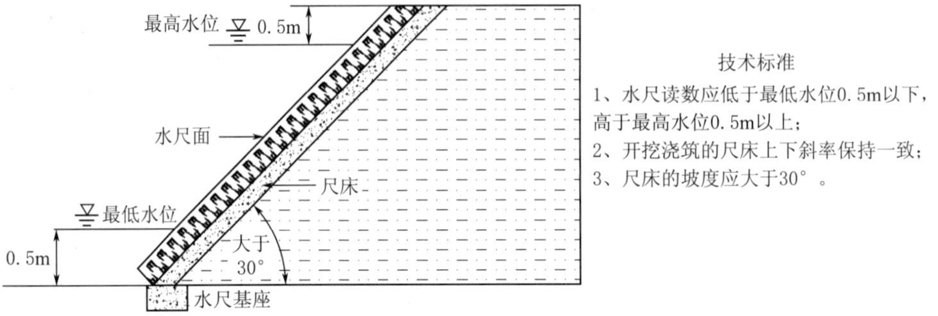

图 4－12　斜坡水尺安装标准图

a. 倾斜式水尺的坡度应大于 30°。

b. 倾斜式水尺应将金属板固紧在岩石岸坡上或水工建筑物的斜坡上，按斜线与垂线长度的换算，在金属板上刻画尺度，或直接在水工建筑物的斜面上刻画，刻度面的坡度应均匀，刻度面应光滑。

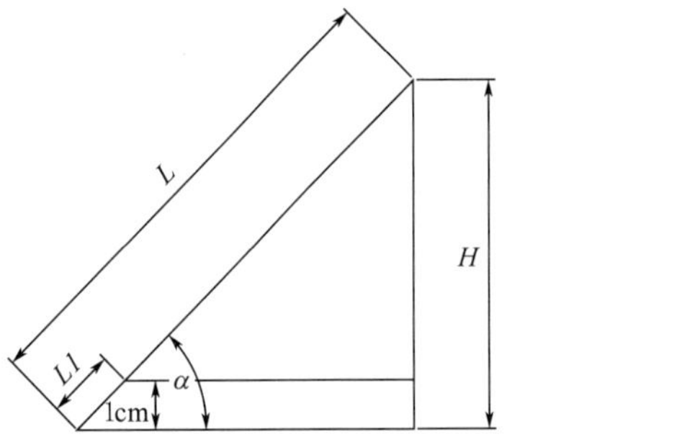

水尺刻画单位长度＝坡段长度（L）/坡段垂直高度（H）

H＝坡顶高程－坡底高程

$\sin\alpha = H/L$

图 4－13　斜坡水尺安装标准图

c. 倾斜式水尺宜在每间隔 2～4m 设置零点高程校核点。

d. 倾斜式水尺安装前预先浇筑水尺尺床，尺床应平整，保持其坡度斜率一致。

e. 斜坡水尺的水尺尺面每一刻画宽度应代表垂直高度 1cm，根据换算出来的斜坡长度刻画，定制相应的水尺，具体的换算方法见图 4－13。

f. 斜坡水尺斜面与高度换算示意图见图 4－14。

3）断面标识牌安装。断面标识牌主要是用于标识测流断面的位置，为后期的流量率定、测流断面移位提供初始的断面位置信息。

在水文测验断面设立断面标志，标识采用钢结构制作，如图 4－15 所示。

标识牌形状为等边三角形，采用等边角钢焊接而成，高为 500mm，材质为镀锌钢板。喷涂白色油漆后在三角边框（宽 50mm）喷涂红色油漆。标识杆采用 ϕ100mm×

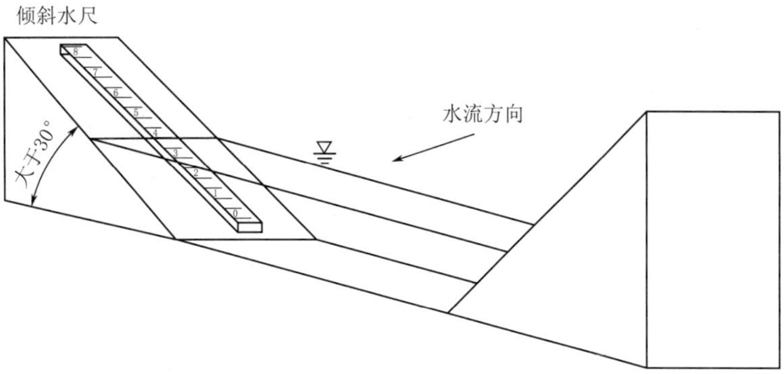

图 4-14 倾斜水尺安装示意图

图 4-15 断面标识牌和断面桩

1500mm 的钢管制作，壁厚 6mm，并喷涂红白相间的油漆。标识基础挖坑 0.5m×0.5m×0.5m，回填混凝土，以稳定地基立于地面。断面标志版设计如图 4-16 所示。

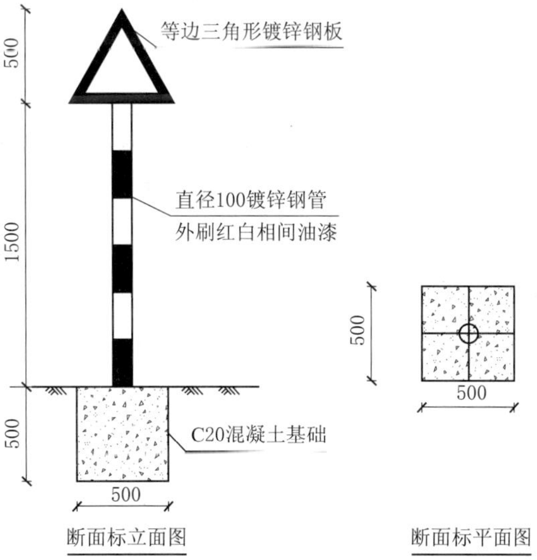

图 4-16 断面标设计图

本次将在测流断面处设立两处断面标，分别位于渠道两侧，部署在同一直线上。

4）设备接地设计。监测站如采用一体化支架安装方式，避雷针需与支架之间加装绝缘子，使避雷针与支架进行绝缘隔离。

避雷针及接地系统包括避雷针、引下线及接地装置，要求：

a. 天线、站房等位于避雷针 45°角以下的安全区内，接地地网的接地电阻应满足避雷小于 10Ω，设备接地电阻小于 4Ω 的指标。

b. 信号线缆与 RTU 设备连接端应安装信号避雷器。

c. 接地装置由接地线和接地体组成，接地体的埋设尽量选择低凹、潮湿的地方，按垂直方式敷设。采用 8 个接地体，接地体镀锌角钢，尺寸为 50mm×50mm×5mm。钢管直径为 50mm，管壁厚不小于 3.5mm 长度为 1.5m，竖直钻坑埋入地下。角钢顶部用 40mm×4mm 的镀锌扁钢相接，扁钢的埋设深度不低于 80cm，角钢间距不低于 2 倍的垂直接地体长度。接地体统一采用“一”字形加工，埋设时采用“一”字形排列，组合后接地体的各连接点必须满焊。

一体化站点所有设备的金属外壳和正常情况下不带电的金属部件应与设备支架形成可靠的等电位连接，且设备支架应可靠接地。

2. 灌区支渠水情监测系统

（1）监测站系统组成。监测站以无人值守管理模式建设。水位数据采集以终端（RTU）为核心，实现了水情信息的自动采集和远程传输，配置水位传感器、通信终端、太阳能浮充蓄电池电源系统、避雷设备。水位图像监测站配套了 1 套网络摄像机，通过 4G 路由器搭建通信网络，平时处于休眠状态以节约电量，可按照实际需要设置唤醒时间进行抓拍，也可以实现在线实时视频监控。水位监测及视频监控系统共用一套支架。如图 4－17 所示。

（2）水位计选择及功能要求。据 GB/T 50138—2010《水位观测标准》，常用的水位观测设施有磁致伸缩水位计、雷达水位计、超声波水位计、气泡式水位计、电子水尺等。由于磁致伸缩水位计、电子水尺都需要建立测井，投资大，不建议使用。气泡式水位计需要下水安装固定，且容易被淤积，也不建议采用。超声波水位计量程增大以后受温度变化影响较大，也不适宜。因此综合考虑之后，采用雷达水位计作为本次支渠水情监测的首选传感设备，并根据水位—流量关系曲线在调度中心平台自动换算成支渠渠道进水流量。

功能要求：

1）可定时或实时自动采集水位，采样间隔可设定。

2）能按定时或事件自报方式通过主备式信道发送数据，当第一发送信道不通时，

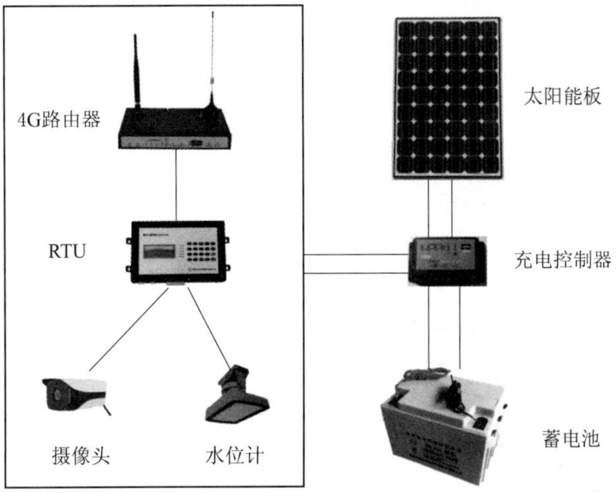

图4-17　支渠水位及视频监测系统组成示意图

自动切换到第二信道发送（亦可采用单信道）。

3）具有现地或远地编程能力，可设置参数，改变路径，读取数据。

4）可响应召测，接收来自测控中心的召测指令，根据指令要求将当前值、或将过去的记录值、或将所有存贮的数据通过指定的信道或指定的路径发送。

5）8点发送平安报，主备信道一起发送，具有工况报告功能，工况信息包括蓄电池电压，太阳能板电压，信号强度等情况。

6）具有人工置数功能。

7）具有存储功能，其存储容量应满足连续记录1年的资料。

（3）视频监控功能要求。监测站视频监控功能以摄像机为核心，配置电源、通信、避雷系统设备，实现现场视频信息的自动采集和自动传输。电源系统采用太阳能+蓄电池组合的方式进行供电。

（4）设备接地设计。监测站如采用一体化支架安装方式，避雷阵需与支架之间应加装绝缘子，使避雷针与支架进行绝缘隔离。

避雷针及接地系统包括避雷针、引下线及接地装置，要求：

1）天线、站房等位于避雷针45°角以下的安全区内，接地地网的接地电阻应满足避雷小于10Ω，设备接地电阻小于4Ω的指标。

2）信号线缆与RTU设备连接端应安装信号避雷器。

3）接地装置同渠道干渠水情监测系统的设备接地设计。

（5）水准点。采用基本水准点，在测站附近历年最高水位以上或堤防背水侧设置，相互间距300～500m。采用混凝土水准标石。顶端中央镶嵌水准标志，并使标志上端的半球突出部分高出标石的顶面。水准标志采用铜质。水准标石外围应挖防护沟。水准点保护井采用 15cm 厚 C20 混凝土衬砌，上盖 10cm 厚钢筋混凝土预制盖板。

3. 斗渠及灌区其他主要小型渠道水情监测

（1）技术方案。对宽度和设计流量较小的斗渠测流，采用标准断面法测流。标准断面法是对于断面较规整、均一的渠道，其流量和水位之间有一定关系，可通过监测水位获得流量。应用在斗渠渠道量水的监测设备，考虑到测量精度、安装、维护、易拆装等特点，首选一体式雷达遥测水位计，如图 4－18 所示，由于支渠渠道较宽，在计量渠道测点处需修建测桥或切割渠道壁。利用率定的水位—流量关系曲线即可通过水位值得出实时过水流量，接触式遥测水位计的优点是适用性强，安装维护简便，配套测流桶（槽）。

图 4－18　一体式遥测水位计（明渠计量）产品示意图

一体式遥测水位计将传统的水位流量监测站点的水位采集、流量计算、数据存储、供电、通信传输于一体，实现水位流量的采集、存储、传输等综合功能。产品采用雷达波非接触式测量，不受温度、湿度、杂质气泡等外界环境影响，可连续精确测量渠道水位、瞬时流量和累计流量。

产品具有测量精度高、无需外部供电、安装便捷、免维护标定等特点，主要应用于灌区信息化、农业灌溉支渠、斗渠、农渠、毛渠等输水渠道的水位流量监测场景。

（2）功能要求。

1）水位采集，流量计算。

2）水位定时采集、存储及上报，超时补报。

3）设备工况上报。

4）超上下限阈值加报。

5）多种通信方式可选择。

6）支持本地小程序（蓝牙）配置功能。

7）支持查询实时数据及历史数据。

8）支持丰富的统计曲线及图表。

9）支持多级权限管理配置。

10）支持本地小程序查看导出历史数据。

11）一体式设计：集水位传感器（雷达方式或超声波方式）、数据采集、通信、数据存储、供电系统、通信费、流量计算及机箱外壳于一体，实现水位采集传输和流量计算。

12）高测量精度：分辨率不小于1mm、盲区不小于15cm、测量绝对误差在1mm以内。

13）超低功耗：纯电池供电、最高288个数据/d，内置电池工作连续工作时间不少于3年，免去拆解取回充电等过程。

14）便捷安装实施：5min开孔、5min安装、5min配置、1min数据上线，最大程度降低安装使用门槛。

15）操作简单：支持蓝牙小程序配置查看和远程平台参数配置，提供设备管理云平台、小程序APP及水利综合管理系统平台。

16）多款量程规格可选：可选2m、5m、7m量程规格以满足不同应用场景。

17）符合GB/T 15966—2017《水文仪器基本参数及通用技术条件》和GB/T 21303—2017《灌溉渠道系统量水规范》（支持水位流量关系、巴歇尔槽、无喉道量水槽等多种量测水方法）。

18）支持太阳能充电和接入小型图像摄像机。

（3）设备安装。

1）产品外观及结构参考尺寸见图4-19。

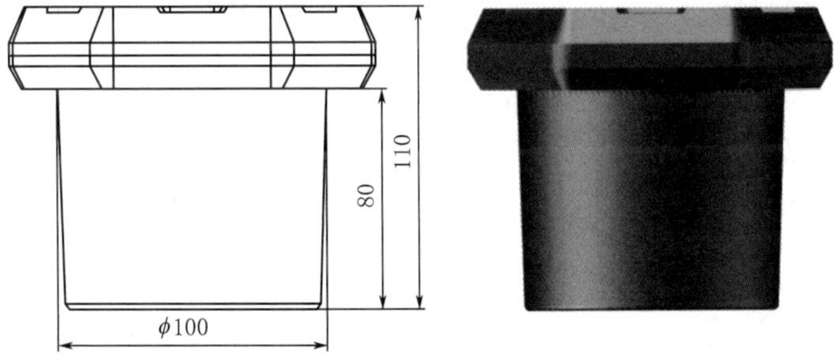

图4-19 一体式遥测水位计外观尺寸图

配套防盗防护装置结构尺寸（选配）见图4-20。

测流渠段的选择与测流准确性有直接的关系，为得到较好的测流结果，测流渠段应尽量满足以下条件：①测验渠段内无巨大块石阻水，无巨大漩涡、乱流等现象；②测验渠段宜顺直、稳定、水流集中；③测验渠段需硬化处理，测流断面宜规整；④测验渠段应保持顺畅，防止漂浮物堆积。

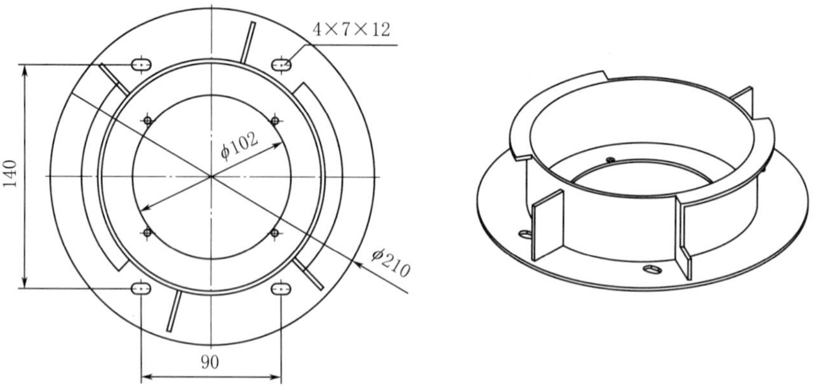

图 4-20　防盗防护装置外观尺寸图

2）测桥式安装。一体式遥测水位计（雷达式或超声波式）安装在渠道顶部水泥测桥上设置的专用防盗防护装置中，测桥中部开孔，上端匹配有防盗保护盖，防盗防护装置配备专用钥匙打开。防盗防护装置底部基础部分使用膨胀螺栓固定在水泥测桥的中间位置，一体式遥测水位计水平放置其中，整体安装、调试和配置非常方便。开孔尺寸及安装示意图见图 4-21～图 4-23。

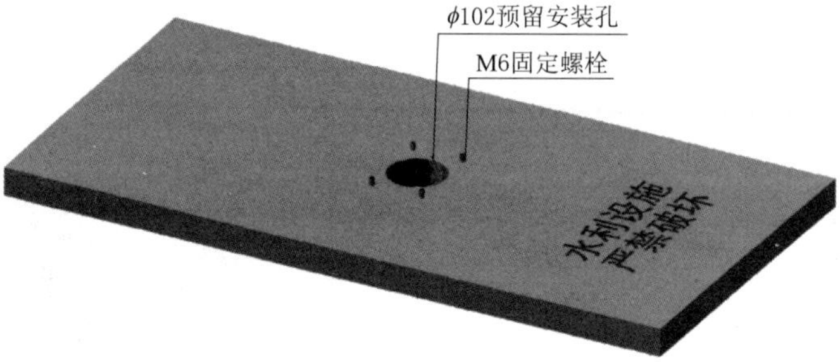

图 4-21　预制水泥测桥样式图

图 4-22　防盗装置及设备安装样式图

图 4-23　标准断面测桥安装效果图

安装步骤：①将配套保护壳安装至测桥预留安装位置，对正安装孔，紧固螺母；②将一体式遥测水位计放置到位；③旋转锁定保护壳上盖，拔下钥匙，即可完成设备安装。

图 4-24 测井安装示意图

3）测井安装。根据渠道现场环境可在选择的标准断面点修建测井或渠道壁开挖形成静水井，使用安装支架固定一体式遥测水位计。

设备为 IP68 防护等级，可直接固定于支架上，该安装支架由用户根据现场环境定制，具体开孔尺寸见图 4-24、图 4-25。

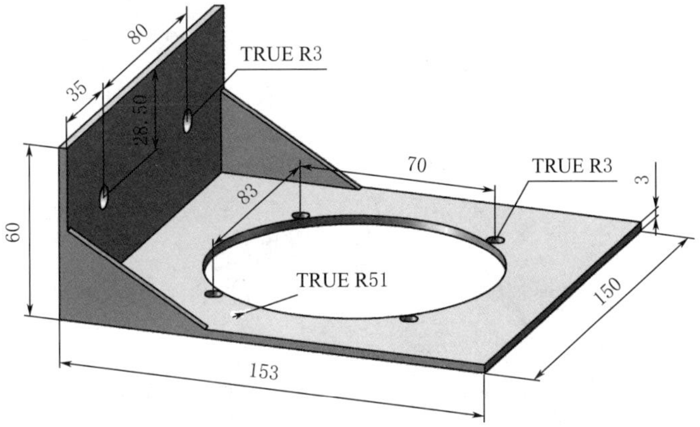

图 4-25 测井安装支架结构尺寸图

4）现场安装示意图见图 4-26。

图 4-26 现场安装示意图

4.2.2 一体化闸门测控系统

灌区渠系测控一体化闸门控制系统设计的理论基础是将流量测量与上下游水位和

闸门的控制结合成一个整体概念。当灌溉开始，支流闸门将水流信息传送给上游各闸门，上游各闸门收到信息后立刻开闸放水并将相关信息传输到与之紧邻的上游闸门，紧邻的上游闸门在收到信息后立刻开闸放水并将需水量信息传输到下个紧邻的上游闸门，以此类推，程序不断重复直至达到设定值为止。

系统设计中最关键的是测控一体化闸门的设计，除了需要满足一般平板钢闸门的要求外，闸门本体中还需要配置现场控制设备（RTU）、电动机及驱动装置、太阳能板、通信系统、水位和闸门开度传感器等设备。

一体化闸门测控系统包括设置在闸门启闭机上的防盗式一体化电动闸门量水监控箱、带上下限保护的随动闸位传感器，闸门前后雷达水位计，见图4-27。系统可以将闸门中各种参数自动采集，自动判断流态，自动对应该流态下相关计算公式计算过闸流量，根据设定实现流量调节，通过配套平台软件可远程控制闸门启闭，实现灌区渠道水量的分配和调节，提高了灌区信息化管理水平。

图4-27　一体化闸门测控系统

图4-28　测控一体化闸门实物图

1. 一体化闸门

所谓“测控一体化闸门”指启闭装置、控制系统、水位计、限位计等均在工厂整体制造集成，现场安装调试，见图4-28。因此，控制精度高、安装便捷、维修方便。

测控一体化闸门是集精确计量和精准控制于一体的自动化计量灌排管控设备，结合了小尺寸闸门、太阳能驱动、水位测量、流量测量、无线通信远程控制、精确流量控制等功能，是闸门联动控制和灌区信息化解决方案的基础。

测控一体化闸门支持太阳能供电，解决

灌区大面积无交流电，只能用手动控制闸门情况；支持无线、有线遥控，实现灌区渠道通信灵活组网方案；支持明渠计量，精确计算过闸门流量，解决渠道末端控制问题。

一体化闸门目前主要有四大类产品，见表4-1。

表4-1　　测控一体化闸门的设备类型

类　型	方　式	规　格	速度/(m/min)	功率/W	环　境
螺杆驱动型闸门	螺杆启闭机	0.3～0.6m	0.5	60	农渠、毛渠
钢索驱动型闸门	钢丝绳轮	0.4～1.5m	0.35	120	斗渠、支渠
液压驱动型闸门	液压驱动杆	1.0～3.0m	1.2	500	支渠、干渠
自动化改造闸门	螺杆启闭机或钢丝绳	0.3～10t	0.6	750	手动闸门

农渠螺杆驱动型铝合金闸门是针对小渠道（渠道宽度0.3～0.8m，水头不超过0.8m）的一体化测控智能闸门，见图4-29，其特点为设备轻便，集成度高，能耗低，建设方便，性价比高，广泛应用于农田口的灌排水管理工作。

斗支渠双钢索驱动型铝合金闸门是针对支渠或斗渠（渠道宽度0.4～1.5m，水头不超过4m）的一体化测控智能闸门，见图4-30，其特点为设备控制精度高，闸板抗水压能力强，机械部分使用寿命长，广泛应用于斗渠或支渠的量水控水管理工作。

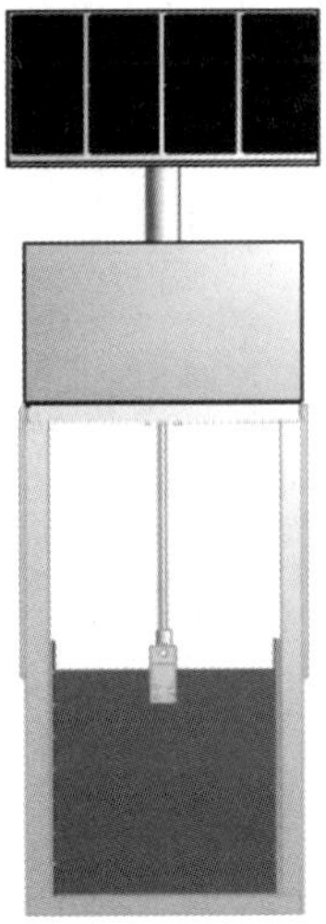

图4-29　农渠螺杆驱动型铝合金闸门

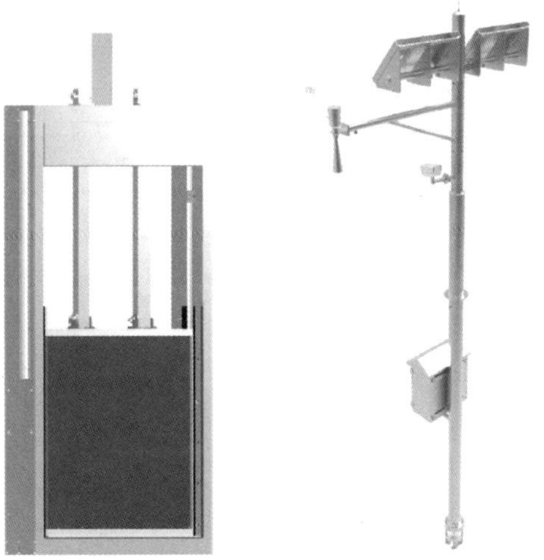

图4-30　斗支渠双钢索驱动型铝合金闸门

支干渠液压驱动型铝合金闸门是针对支渠或干渠（渠道宽度1～3m，水头不超过5m）的一体化测控智能闸门，见图4-31，其特点为设备采用液压驱动，启闭力大，启闭速度快；闸门尺寸大，满足支干渠控水；控制效率高，使用寿命长；采用模块化设计理念，维护成本低，广泛应用于干渠或支渠的量水控水管理工作。

自动化改造型闸门是针对铸铁闸门（启闭重量 0.1～10t）的一体化测控智能闸门，见图 4-32，其特点为设备性价比高，兼容太阳能方式和交流电供电方式，同时支持手动控制和电动控制，控制模块和集成式启闭机采用模块化设计理念，安装调试方便，维护成本低，维护难度小，广泛应用于运行良好的铸铁闸门的自动化改造，通过改造后可接入灌区信息化管理平台实现智能管控。

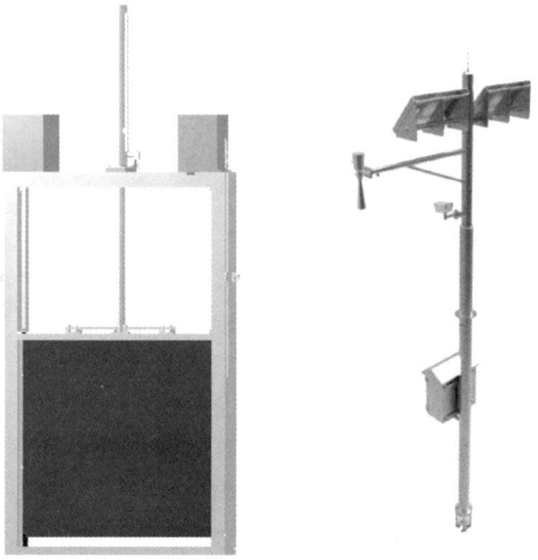

图 4-31　支干渠液压驱动型铝合金闸门

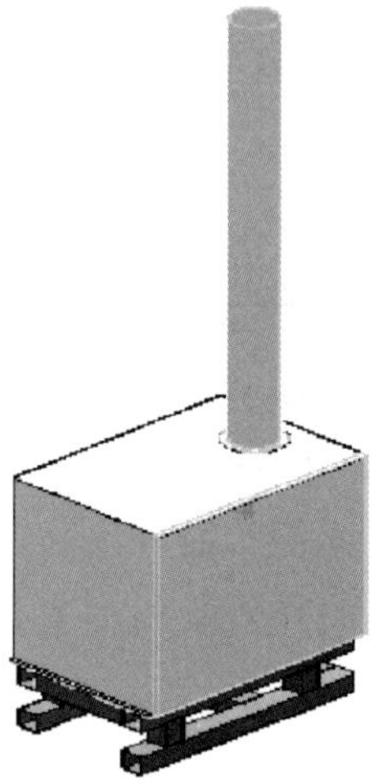

图 4-32　自动化改造型闸门

2. 量水方式

一体化闸门测流量水方式主要包括自动监测方式和人工监测方式，大致可分为下列几类：

（1）水工建筑物量水法。明渠水流上的堰、闸门可用于水工建筑测流。堰、闸门的形状稳定，水流遵循一定水力学原理流过过水断面和水道。如图 4-33 所示。水工建筑物上下水位有一定落差，在一些场合形成自由流，水位流量关系比较稳定，测得上游水位（水头）可以根据水位—流量关系推算流量。在一些场合可能是“淹没流”状态，如果“淹没”程度在一定范围内，测量水工建筑物上、下游水位（水头）差，也可以从“淹没流”状态时的水位（水头）差—流量关系推算流量。

（2）标准断面法量水。标准断面法是利用水位—流量关系测量渠道流量，在断面稳定，没有回水影响的渠段内，设置水尺观测水位，利用率定好的水位—流量关系，求得流量。标准断面法量水设备如图 4-34 所示。该方法简便易行，设备费用低，容易掌握。关键是测流渠段的水流应不受下游节制闸或壅水建筑物回水的影响，即测流断面的流量随水位呈单值函数关系变化，如果该断面不为临界水深，往往难以判别，需通过多次过水，凭经验确定。

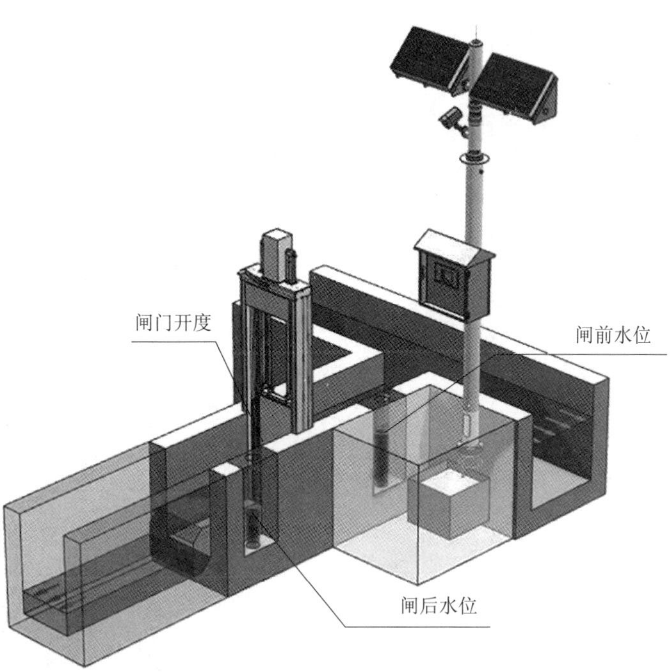

图 4-33 水工建筑物量水法

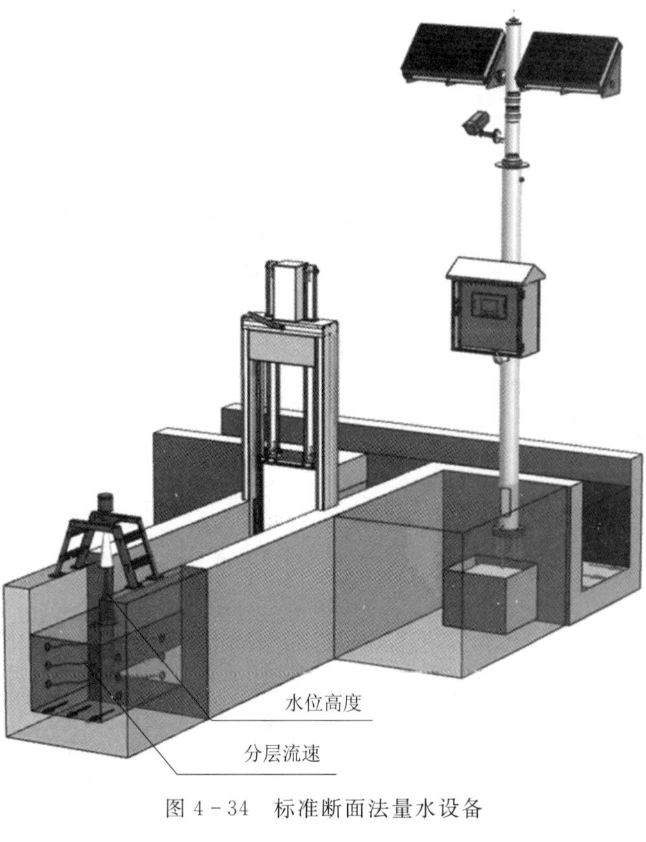

图 4-34 标准断面法量水设备

使用超声波明渠流量仪与相应的巴歇尔槽配用，利用超声波在空气中的传播规律来测量液位高度，并不断把液位信息传输给主机，主机通过运算系统，自动测出瞬时流量和累计流量并存储。量水主机如图4-35所示。

图4-35 标准断面法量水系统主机

（3）堰槽量水法。堰槽量水法是指利用特设设备量水，通常指三角堰、矩形堰、平坦V形堰、巴歇尔量水槽、无喉道量水槽、简易量水槛及柱形量水槽等。一般由行进渠槽、量水建筑物和下游段三部分组成。堰槽量水法设备系统如图4-36所示。通过量水建筑物主体段过水断面的科学收缩，使其上下游形成一定的水位差，从而得到较为稳定的水位—流量关系。它不可避免地会带来一定的水头损失，使用时应根据具体边界条件和不同的精度要求，选择相应的特设设备。根据测量闸门后端建设的计量堰槽的水位值，利用对应水位—流量关系，得到过闸门流量。

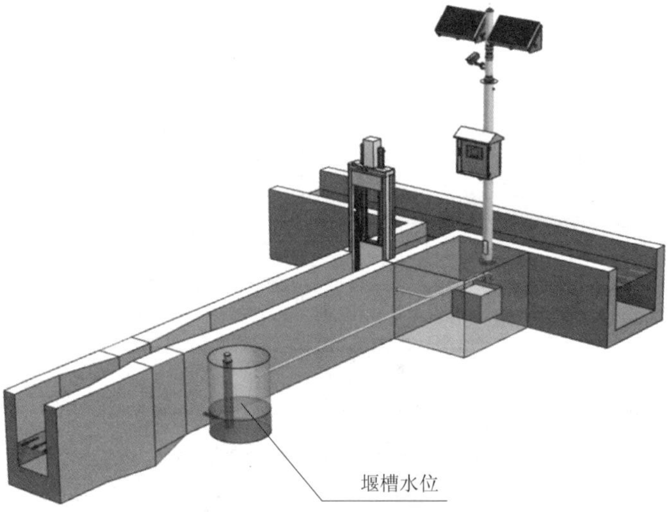

图4-36 堰槽量水法设备系统

（4）利用电子仪器量水。电子仪器测流可以不改变渠道布置、不设任何建筑物。但对测流断面选择要求较高，要求渠段平直、水流均匀、无漩涡和回流，水流方向与断面垂直等。由于流速测点多，测量繁杂，不宜经常使用，通常用于人工流速仪测量方法的流量系数率定。根据雷达测量的渠道表面流速和渠道水位计算过闸门流量。电子仪器量水设备系统如图4-37所示。

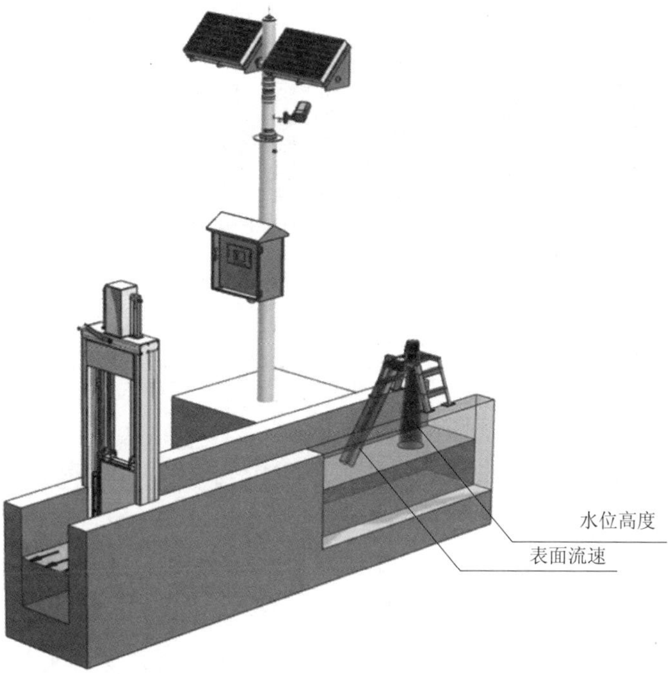

图 4-37 电子仪器量水设备系统

3. 量水方案

为减小劳动强度，提高量测精度，并及时向灌区管理部门提供可靠的水位、流量、水量及闸门开度等技术参数，在骨干渠系上建立灌区自动化量测系统已成为发展趋势。系统由传感器、控制电路、传输机构等组成，其原理是通过传感器对量水建筑物或量水设备上、下游水位进行及时采样，根据数学模型实现对流量的计量，并累积水量。根据灌区自动化监测需求，流量监测需要通过自动化监测设备自动采集上报流量，因此采用一体化闸门通过水工建筑物量水法测量过闸门流量，并通过闸门控制终端上报中心站。

四种量水方式的应用场景及优缺点见表 4-2。

表 4-2 四种量水方式的应用场景及优缺点

序号	测流方式	说明	建设内容	优势	劣势	应用场景
1	水工建筑物量水法	利用闸门建筑物上下水位落差，根据水力学计算关系流量	闸门上下游水位计、闸门开度仪	测量精度较高	淹没流状态下测流精度下降	具有闸门建筑物的分水点
2	标准断面法量水	利用水位—流量关系计算求得流量	水位计	简便易行，设备费用低	下游节制闸或壅水建筑物回水影响测流精度，需定期校核水位—流量关系	具有标准断面的渠道

续表

序号	测流方式	说明	建设内容	优势	劣势	应用场景
3	明渠流量计	利用多普勒/时差法测量流速，结合过水断面面积计算流量	多普勒/时差法明渠流量计	测量精度高	设备费用较高适用于断面较宽渠道	各种类型的渠道
4	堰槽量水法	利用三角堰、矩形堰、巴歇尔量水槽得到较为稳定的水位—流量关系	量水堰槽土建、水位计	测量精度较高	土建工程量较大，且对渠道有阻水	针对没有标准断面的中小型渠道

4. 通信组网

水情信息的数据传输到相应的信息中心或分中心进行存储和处理。传输通信方式也有很多种，有线的通信方式一般是通过网线、光缆来进行传输；无线的通信方式有自建超短波电台或使用公共网络，公共网络又包含 GPRS、3G 和 4G 网络。各种传输方式的优缺点如下。

（1）有线通信。有线通信包括通过网线和光缆，可以直接将采集的数据传输至服务器，通信带宽大，数据传输流程不会出现无线通信因带宽问题数据传输滞后的现象。同时对于有线通信的方式，在一次投资以后，除了设备的维护费外不会产生其他运营费用，长期运行非常便利。

（2）无线通信。无线通信：包括超短波网络、GPRS 网络、3G 网络和 4G 网络。

超短波网络需要重新建设，需要进行链路测试，并要长期保证通信链路的畅通，确保通信链路之间没有遮挡，导致了超短波电台建设费用较高，维护不方便。

GPRS 网络使用公网信号，信号范围广，覆盖面大，使用费用低，维护方便。

目前，4G 网络近几年已经高速普及城乡。通过集成闸门、控制器和测量，实现全套一体化设计，使用运营商的移动网络 3G/4G，支持本地及远程控制。服务器可以设置在云端，也可以设置在管理处本地，用户通过手机或者 PC 机登陆远端服务器，远程控制一体化闸门，如图 4-38 所示。

5. 控制模式

提供多种方式控制，同时支持定时控制，满足用户调水计划需求。一体化闸门现场控制器操作断面如图 4-39 所示。

（1）恒定开度控制：用户只需要设定闸门开度值。

（2）恒定流量控制：用户只需要设定需要的过闸门流量值。

（3）恒定堰槽水位控制：针对堰槽计量的用户，只需要设定堰槽水位，确保闸后水位不变。

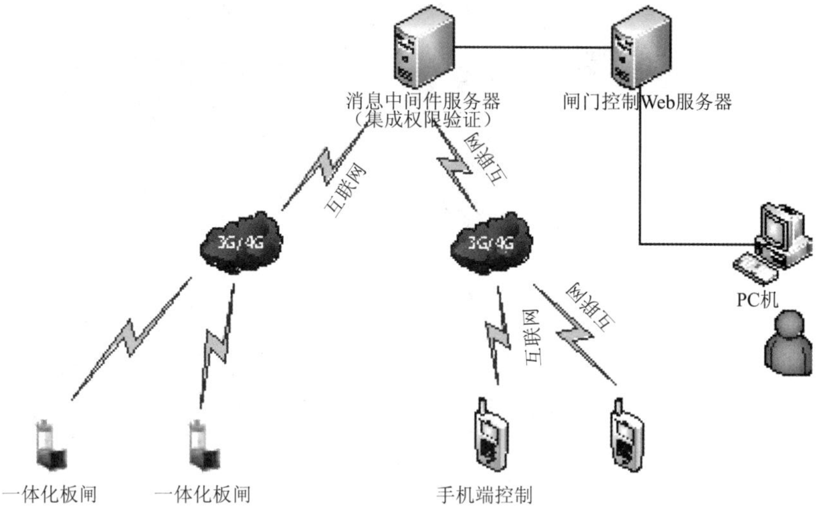

图 4－38　一体化闸门通信组网

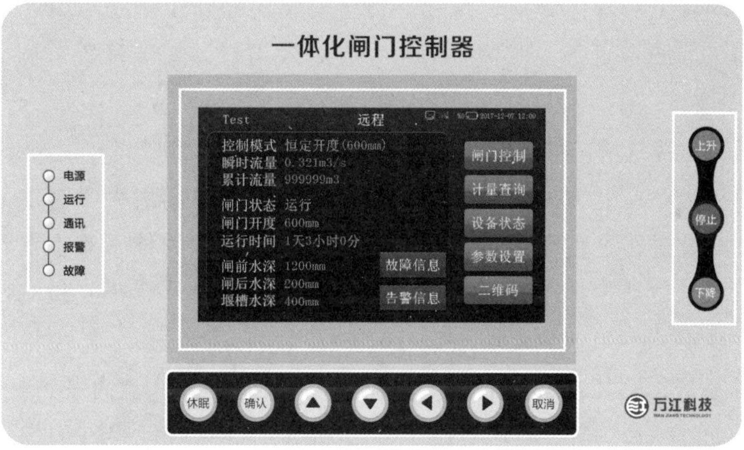

图 4－39　一体化闸门现场控制器操作界面

（4）恒定闸前水位控制：用户只需要设定闸前水位值，确保闸前水位恒定不变。

6. 一体化闸门测控系统性能与特点

因为灌区的水质泥沙含量、渠道情况、灌溉时段、管理模式等应用条件各异，测控一体化闸门需根据全国各个地区灌区的不同特点，采用不同的解决方案。

（1）供电方式：支持太阳能直流供电，也支持交流供电。

（2）控制方式：支持闸门的远程和本地控制，支持无电源情况下，手摇提闸功能。

（3）通信方式：通信组网灵活，支持无线4G、3G、GPRS组网通信，也支持光纤有线组网通信。

（4）测流方式：提供四种不同方式过闸门测流方式，适合全国大部分的灌区测量需求。

（5）测控一体：根据测流数据提供多种闸门控制方式。比如，恒定开度控制、恒定流量控制、恒定堰槽水位控制、恒定闸前水位控制。

（6）系统平台：提供手机APP和桌面Web两种方式控制和管理所有的闸门。

测控一体化闸门具有以下特点：

（1）闸门主体由铝合金制造，防腐蚀、不生锈、寿命长，使用周期超过10年。

（2）具备远程控制、手机操控、故障报警、备份信息、数据自动上报等功能。

（3）自动控制与手动操作一体化，即使遭遇连续阴霾天气电池无法正常工作，也可通过手柄启闭闸门。

（4）驱动功率小、能耗低，最小功能只有10W。

（5）闸门开度控制绝对误差小于0.1mm，实验室测量精度误差小于3%。

（6）设备均在工厂整体集成，现场一体化安装，维修便捷。

（7）采用可拆卸密封条，摩擦阻力小，密封效果好，安装位置可调节，方便后期更换。

目前国内有多家生产的一体化测控智能闸门的厂家都与高校之间有紧密合作关系，比如与河海大学、北方工业大学、四川大学等。其中四川大学智能研究所和四川大学水利水电学院进行合作研发，目前已经攻克明渠测量的技术难点，在国内首次提出了“计算机三维数值模拟测量法”动态改变流量系数，计算得到过闸门流量，其实验室计量的精度误差可以达到2%。

通过调研了解，测控一体化闸门已在四川、新疆、吉林、内蒙古、宁夏、山东、湖南、陕西等20余省（自治区）实施了项目和试点，并取得很好的效果，得到大多数用户单位的好评，系统性能运行稳定，性价比高。

（1）供电性能：主要采取太阳能供电方式供电。在日照不充足，每天只有4～5h日照的冬天，试点电池仍然经受住了高强度高负荷的测试，供电总体稳定可靠。

（2）监控功能：采用间隔10min定时拍照、实时视频图像传输、随机抓拍三种方式；监控镜头可远程控制，可有效对闸门水位、周边情况进行监控；监控镜头采用高清夜视镜头，图像画面清晰，昼夜可视；云端存储可有效记录和回看。

（3）流量测量：闸门采用“计算机三维数值模拟测量法”，控水功能与水工建筑物“一体化”设计，通过精准控制闸门开度，有效提高量水、控水质量和精准度。从计量数据与传统的断面计量数据对比来看，数据准确，误差小于5%。

（4）远程控制：本地采用触摸屏和按键操作控制，远程通过手机APP或Web终端方式控制，通过终端软件可对闸门启闭、闸门开度、瞬时流量、闸前后水深、本次开闸累计时间流量、设备信息等参数进行查询、管理，并远程控制闸门启闭，开度精度达到了设计要求。

（5）通信系统：选用GPRS/CDMA/GSM通信方式，使用移动通信网络信号，信号稳定，通信质量有保证，信号完全满足视频传输、数据上传、远程控制要求。提供的所有通信传输方式基于国内的通信服务商，数据可布置在公有云或者私有云，也可布置在用户单位本地服务器上，保证信息的绝对安全。

（6）建设方式：根据现地条件进行设计安装，闸门稳定好、维护方便。

第 5 章 >>

灌区农业用水管理制度体系建设

5.1 计量监控一体化技术对农业用水管理的影响

农业水资源计量监控一体化技术是对传感器技术、计算机技术、自动控制技术、网络传输技术等现代信息技术的集成。不仅提供了准确、及时、稳定的用水计量监测数据，而且把农业用水计量监测数据直接应用于农业用水管理过程参数的控制，避免了中间数据传递环节的失真和滞后，以最短路径形成控制闭环，从而真正发挥了计量在农业用水管理中的作用。

农业水资源计量监控一体化技术提高了农业用水计量结果的精度，解决了信息传输不及时的问题，保证了农业用水过程中计量监测数据的质量，能够满足实行最严格水资源管理制度的要求，为实现农业用水总量控制、农业用水定额管理提供了有效的技术手段。

推广应用农业水资源计量监控一体化技术，建设农业用水管理大数据平台，提供准确、及时、稳定的农业用水计量数据是建立健全农业水权制度，夯实农业水价改革，开展农业计划用水管理，落实最严格水资源管理制度的基础。农业水资源计量监控一体化技术还可为合同节水管理、农田水利 PPP 模式等创新用水管理方式提供技术支持。

5.2 构建现代农业水权制度

农业水权制度建设是农业可持续发展的重要基础，我国迫切需要建立健全现代农业水权制度。要以县级行政区域用水总量控制指标为基础，按照灌溉用水定额，逐步把指标细化分解到农村集体经济组织、农民用水合作组织、农户等用水主体，落实到具体水源，明确水权，实行总量控制。鼓励用户转让节水量，政府或其授权的水行政主管部门、灌区管理单位可予以回购；在满足区域内农业用水的前提下，推行节水量跨区域、跨行业转让。明确农业用水效率目标以提高用水效率和农业用水资源配置效率，进而改善农业可持续发展环境。

构建我国现代农业水权制度需多管齐下，建议从以下几个方面入手，构建我国现代农业水权制度：

（1）整合现有农业用水相关法律政策，明确农业水权的内涵、各级人民政府在通常情况下的农业用水分配办法、农业节水、农业水权交易原则与范围、农业用水转非农用水补偿机制等，特别是应根据农业技术水平、粮食品种及产量确定基本农业水权和扩展农业水权，基本农业水权作为农业用水最低保障线。

（2）处理好农业用水管理中的政府与市场关系。农村长期以来形成的传统文化、风俗民情以及习惯，往往是维系农村各项事业有效运转的不可或缺因素。因此，在"村规民约"和"习惯"不违背相关法律法规的情况下，政府应给予充分尊重，并因势利导引导农民自主管理农业用水。政府应设计有利于农业用水自主治理的良好制度和政策，确定基本的农业水资源使用边界与规则，增强农业用水各相关成员之间的利益联结机制，加强各成员之间的相互监督和信任，建立健全农业用水冲突解决机制等。

（3）以确保农业生产用水权益为根本目标，依据本地水资源禀赋情况、农业生产与农业经济发展情况以及通常情况下的农业生产用水情况，因地制宜地按照作物种类或土地类型等提出确定农业水权配额的底线原则和技术标准。

（4）将农业水权分为基本水权和扩展水权。基本水权是水资源中保证率较高的一部分，其作用是满足最低限度的农业用水需求，基本水权内的农业水价按照平价收费；扩展水权是基本水权配额以外的用水配额，保证率较低，反映市场资源配置原则，根据年度水资源供给农业生产，扩展水权配额实行阶梯水价。探索依托农村产权交易中心审慎开展农业水权跨行业交易，建立农业用水数据库、农业用水红线、农业用水预警机制和应急机制，确保农业用水权益和农业生产不受侵害。

（5）探索建立农业用水跨行业交易利益补偿机制，确保农业用水与粮食安全。待农业水权交易市场发育成熟且时机合适，可以考虑征收农业水权出让金，用于在流域范围内成立农业水权转让补偿基金，作为农业节水推广费用和相关水利建设资金。

5.3　建立健全农业水价制度

通过农业水价综合改革，建立“公平、约束、激励、效率”的农业水价体系。

5.3.1　分级制定农业水价

农业水价按照价格管理权限实行分级管理。大中型灌区骨干工程农业水价原则上实行政府定价，具备条件的可由供需双方在平等自愿的基础上，按照有利于促进节水、保障工程良性运行和农业生产发展的原则协商定价；大中型灌区末级渠系和小型灌区农业水价，可实行政府定价，也可实行协商定价，具体方式由各地自行确定。加强政府定价成本监审，充分利用节水改造腾出空间，综合考虑供水成本、水资源稀缺程度以及用户承受能力等，合理制定供水工程各环节水价并适时调整。供水价格原则上应达到或逐步提高到运行维护成本水平；确有困难的地区要尽量提高并采取综合措施保障工程良性运行。水资源紧缺、用户承受能力强的地区，农业水价可提高到完全成本水平。

5.3.2　探索实行分类水价

区别粮食作物、经济作物、养殖业等用水类型，在终端用水环节探索实行分类水价。统筹考虑用水量、生产效益、区域农业发展政策等，合理确定各类用水价格，用水量大或附加值高的经济作物和养殖业用水价格可高于其他用水类型。地下水超采区要采取有效措施，使地下水用水成本高于当地地表水，促进地下水采补平衡和生态改善。合理制定地下水水资源费（税）征收标准，严格控制地下水超采。

5.3.3　逐步推行分档水价

实行农业用水定额管理，逐步实行超定额累进加价制度，合理确定阶梯和加价幅度，促进农业节水。因地制宜探索实行两部制水价和季节水价制度，用水量年际变化较大的地区，可实行基本水价和计量水价相结合的两部制水价；用水量受季节影响较大的地区，可实行丰枯季节水价。

5.4　农业计划用水管理制度

农业计划用水就是根据农业用水单位的需水要求，结合水源、渠系、气候等条件有计划的抽水、输水、配水和有组织的田间灌水，计划用水是农业用水管理工作的中心环节，农业水资源计量监控一体化技术可为农业计划用水实施提供技术支撑。

农业计划用水管理制度是指有关农业用水计划的编制，审批程序，计划的原则、内容和要求，以及计划的执行和监督等方面系统的规定。其目的是通过科学合理地分配用水、有效地控制用水、节约用水、减少用水矛盾，提高水资源的利用效率，并切实保护水资源，促进水资源的良性循环，以适应日益发展的社会经济对用水的需要。

各省（自治区、直辖市）人民政府水行政主管部门可以参照水利部2014年印发的《计划用水管理办法》，结合当地实际，制定农业计划用水管理具体规定，逐步推行农业用水计划管理。省（自治区、直辖市）农业计划用水管理办法的内容应明确负责全国及各省（自治区、直辖市）及地方农业计划用水制度的组织实施和监督管理的主管部门、农业用水计划的申请和核定，包括用水计划申请文件要求、用水计划的直接核定和下达情况及非常情况下用水计划的核减等内容。管理办法中还应明确适于地区的农业计划用水监督管理制度和奖惩制度。

5.4.1 农业计划用水方案的申报和核准

编制与执行农业用水计划，必须从各灌区实际出发，不断总结实践经验，收集、分析实测资料。积累的经验和资料越多，编制的引、配水计划就会越切合实际，因此，逐年的配水实际资料，作物组成资料等灌区水管资料的统计归档工作十分重要，只有积累了足够的资料，才能使编制的引、配水计划科学、合理、可操作性强。

1. 申报程序

各地区要根据水资源分布和多年来的农业用水管理实践，确定农业计划用水方案的申报时间。一般来讲，取水户应当于每年1月15日前提出该年度的农业计划用水方案，按照取水许可分级审批权限，报有管辖权的水行政主管部门。由水行政主管部门根据规定程序及区域年度取水总量核定，在征求取水口所在地水行政主管部门意见后，于当年2月15日前下达取水户当年取水计划。申报农业计划用水方案时应提交如下材料：

（1）农业用水计划建议书（表）。农业用水计划建议书（表）应包含农业用水量核算方法。各用水单位（户）要在用水前，根据灌区气象、土壤与作物生长状况估算出作物田间需水量，再依据灌区的渠系分布逐级推算出灌溉需水量，同时还需考虑供水水源的来水和水利工程的引水条件，确定出灌溉可供水量。通过供需水量的平衡分析，编制出灌区内各级渠道的用水计划。

（2）有效的取水许可证复印件。根据各地《农业计划用水管理办法》相关规定，取水户在上年取水按计划执行的情况及水资源费缴纳情况都会直接影响当年取水量，因此，提交材料还应附有取水户上年取水计划及计划执行情况报告和水资源费缴纳完成证明材料。

（3）需要进行水量平衡测试或节水评估的，还应提供水量平衡测试或节水评估报告。

（4）计量装置完好证明材料。引水水量是计划执行的实况，没有量水，就难以正确执行计划的灌水定额和灌溉定额；就无从积累供水计划的规律资料；就难以正确地执行计划改进定额以促进灌溉效率的提高。做到全面量水，才能确保农业计划用水的实施。

（5）其他相关证明材料。

2. 核准和审批程序

农业计划用水方案审批程序，由下而上，逐级编报，最后报上级主管部门批准后下达执行。核准和审批程序可分为五个环节：受理、初核、核定、下达和监督管理。各核定环节的技术要点如下。

受理过程：取水户（一般为灌区管理办公室或者土地流转后的负责土地管理的相关部门）向有管辖权的水行政主管部门提交农业用水计划建议书（表）、有效的取水许可证复印件、上年度取水计划执行情况总结、水资源费缴纳凭证（复印件）、根据规定提交水量平衡测试或节水评估报告等材料。如材料不齐全或不符合规定要求的，有管辖权的水行政主管部门应当场或在 5 个工作日内一次告知取水户，逾期不告知的，自收到材料之日起即为受理。申请人应在接到补正通知之日起 10d 内补正，逾期不补正的，其农业用水计划建议书（表）无效。

初核过程：水行政主管部门或者其委托的单位要根据用水户上报的材料，根据审核技术要点初步提出取水户取水计划农业用水计划建议书（表）的核定结果。初核结果征求取水口所在地水行政主管部门意见，取水口所在地水行政主管部门要提供正式取水户水资源费缴纳证明及计量设施完好证明，并提出核定水量调整意见。同时，组织有关专家对取水户农业用水计划建议书（表）及水行政主管部门初核结果进行评议。

核定过程：有管辖权的水行政主管部门根据初核结果和地方与专家意见，核定农业用水计划建议书（表）。经核定下达的年度用水计划，其用水性质、年度用水计划、用水量不得擅自更改，因经营活动变更等原因需要调整用水计划的，应该重新报原核定机关进行核定。

下达过程：有管辖权的水行政主管部门应将农业用水计划建议书（表）核定结果

及时下达至取水户，并在水利部门网站或政府网站进行公告。

监督管理过程：按照职责分工，适时开展农业用水计划执行情况的监督。

5.4.2 农业计划用水监督考核制度

监督管理是农业计划用水管理的重要内容之一。计划用水的内容和要达到的目标，若没有有效的监督管理是难以实现的。

1. 监督管理的内容

农业计划用水的监督管理既强调对执行计划用水制度的人的行为的监督管理，又强调对水的按计划分配和合理使用的监督管理。两方面缺一不可，失之一方都可能造成计划用水不能按预先设定的目标和秩序合理地使用。在监督管理农业计划用水的人的行为方面，主要是制定管水、用水人员的考核、评价标准，以及执行计划用水效果的相关奖惩经济制度。而对农业计划用水中使用水的监督管理，主要是将计划用水的指标（包括反映用水经济技术效益的指标，排水的指标，完成的产值、产量以及用水的定额等）与农业计划用水执行过程中成果的具体指标比较，以反映问题，及时纠正在计划用水中产生的偏差，从而从用水过程和结果中监督计划用水的实施。此外，省级行政区及灌区计划用水制度实施情况还应纳入国家实行最严格水资源管理制度考核。

2. 监督管理的类型

农业计划用水监督管理的类型划分为预先监督管理、实时监督管理、反馈监督管理三种。

（1）预先监督管理。预先监督管理是先于用水计划执行的监督管理。预先监督管理的中心是使管理者正确理解用水计划、执行用水计划，围绕如何执行用水计划制定政策、规章以及各种指令、说明，提出执行用水计划和完成任务的各项要求等。通过预先监督管理，达到在未执行用水计划之前，使用水管理的对象处于合理配置状况，从而保证用水计划目标的实现。

（2）实时监督管理。实时监督管理是在用水计划执行过程中对计划的全方位全过程的实时监督管理。主要是通过对用水计划和相配套的计划用水管理制度在执行过程中的直接检查和监督，而将执行情况实时与计划相比较，找出偏差和纠正偏差的过程。主要做法是：

1）实时监督：市区县水资源管理人员，亲临用水的输送调配和实际用水现场，直接指导和检查用水情况，发现问题，提出纠正偏差的措施。

2）实时比较分析：将计划用水阶段和最后结果与预先规定的计划用水指标及相

关用水经济技术效益等指标进行比较，发现问题及时纠正偏差。一般要求实际用水不得与下达的用水计划指标相差10%～15%。从实践来看，通过对计划用水进行实时监督与控制管理，解决问题的时效性和针对性较强，反映了管理工作的连续性和阶段性特征。

（3）反馈监督管理。反馈监督管理是根据掌握的计划用水信息来调整或不调整未来的用水行动，即以预先制定的计划用水指标、规程和过去的经验数据等信息，作为评价、指导和纠正将来计划用水活动的依据。通过实践发现，计划用水和纠正控制偏差的侧重点在于计划的执行结果中，它既体现了预先监督管理的效果，也反映了实时监督管理的作用。如果用水计划执行的结果与计划规定的目标发生了偏差，在采取纠正措施时应综合考虑纠正用水计划指标、用水投入和用水系统运转所造成的偏差。反馈监督管理是实现农业计划用水目标有力的综合性监督管理措施。

3. 监督管理的过程

农业计划用水的监督管理作为一种计划用水制度的管理活动过程，是由一系列管理活动所组成的。其基本的监督管理过程可概括为建立标准、衡量绩效、偏差分析与纠正三个阶段。

（1）建立标准：监督管理是依据一定的标准去衡量实际工作结果与计划是否存在偏差，并对偏差加以纠正的工作过程。在计划用水管理工作中，计划用水的计划和节约用水的目标是监督管理依据的最基本的标准。要求实际用水量不得超过下达的用水计划指标的10%～15%，单位产品用水定额不得超过执行定额的8%。为了使计划用水得以有力地实施，除建立包括用水计划指标，以及反映用水效果的经济技术指标，作为监督管理计划用水的过程和结果的定量控制标准外，还建立了保障用水计划顺利执行的定性标准，主要是检查各项用水管理规章制度的制定和执行情况。其中，流量计测定流量的结果可用于分析率定水工建筑物流量系数、确定断面水位-流量关系曲线、渠道水利用系数等。采用流量计测流时，还应符合下列条件：测流断面内测点流速不超过流速仪的测速范围、水位应平稳、一次测流的起止时间内，水位涨落差应不大于平均水深的2%等。流量计在使用过程中可选用常测法和简测法，选用简测法测流时，应进行精度分析，精度合格时，方可采用。精度分析方法可以参考GB/T 21303—2017《灌溉渠道系统量水规范》。

（2）衡量绩效：计划用水管理工作绩效的衡量，是依据监督管理计划用水所制定的标准来进行的。有了标准，就可以将实际的计划用水工作成果与标准相比较，衡量计划用水的绩效。在实际工作中，为保证计划用水工作绩效的衡量客观公正，应使掌握的用水信息具有可靠性、及时性和适用性。获得监督管理计划用水的信息的途径一般有：①利用市、区县各级水资源管理部门、行业及用水单位通过自下而上建立的用水统计报表制度获得；②通过管理人员的直接观察、检查或下属用水管理人员的汇报来获得，重视现场调查研究工作。

（3）偏差分析与纠正：将计划用水产生的用水实际结果与计划规定的指标和目的相比较，只要存在不一致的情况就成为需监督管理的问题。但并非所有出现的问题都成为监督管理应采取行动的依据，即并不是对所有出现的偏差都采取措施，而是在这些出现偏差的问题中进行分析和筛选，将重要的偏差挑选出来，作为监督管理采取措施的对象。在计划用水中产生偏差的原因，即进行监督管理时应着重注意的对象，主要有以下三个方面。

1）用水环境发生变化：用水环境发生变化可能是由于生活、生产用水要求发生了变化。对此，若没有主动地对外部用水环境可能产生的变化做出预估，而修订用水计划，那将只能被动地调整计划。无论怎样，都应通过监督管理措施，及时修正产生的偏差，使计划用水与实际情况相符，对实际用水起到指导和监督控制的作用。

2）水情发生了变化：由于不能准确预见的干旱，或水源地遭受到突然的破坏等天然或人为的原因，都可能使正常的用水计划不能满足实际用水的要求，而产生偏差。对此，只能采取紧急措施来纠正这类偏差。

3）计划本身存在问题：由于用水计划或计划用水管理制度本身不完善，如计划所包含的内容不全面，在制订计划时对未来情况的预测和估计不准确等原因，造成计划的实际运用结果与计划发生偏差。若监督检查到此类原因造成计划执行偏差，管理者就应采取措施加强用水计划管理，在计划用水管理工作中，应抓住需要侧重监督管理的问题，分析造成计划用水产生偏差的原因，并采取针对性的纠正措施，使监督管理工作在计划用水的实施过程中真正发挥指导与监控的管理职能。

5.5 农业用水奖惩制度

5.5.1 节水评分考核办法

为促进灌区等农业用水单位提高用水效率的积极性，水行政主管部门应建立用水效率评价奖惩机制。根据农业用水单位的用水计量监测数据，利用层次分析法和建立的农业用水效率评价指标体系，对农业用水单位进行用水效率评价，得到评价结果。评价结果分为优秀、良好、合格、不合格4个等级。

5.5.2 奖惩标准

根据对农业用水单位的用水效率评价结果，对评价结果为优秀、良好和合格的农业用水单位给予相应的奖励；对评价结果为不合格的农业用水单位，要求其及时提出整改措施，并给予罚款、警告或通告批评。评价结果为不合格的农业用水单位根据水行政主管部门反馈的用水效率评价信息，结合自身用水特点和存在的不足，提出相适宜的调控措施，主要包括管理措施和技术措施，以达到提高用水效率的目标。

相关部门应根据当地农业水管理水平制定“农业计划用水的奖惩制度”“水权回购制度”和“实行超计划用水累计加价”等相关政策和办法，利用农业用水计划指标激励节约用水，完善计划用水管理，增强计划用水管理的激励约束机制。

1. 奖励机制

对节约用水成绩突出的地区、国有农场和各渠道管理单位、各农民用水者协会，通过“以奖代补”方式给予奖励。相关制度应详细界定奖金资金来源、节约水量的确定、奖励力度及奖金的用途，可参照各省市地区制定的《节约用水奖励办法》中关于奖励的规定。如下为《宁夏引（扬）黄灌区节约用水奖励办法》中关于奖励的规定。

（1）自治区财政从水资源费中每年设立节约用水奖励基金，对节约用水成绩突出的县级以上（包括县级）水行政主管部门、国有农场、灌区农民用水者协会和渠道管理单位进行奖励。

（2）按照节约水量的幅度，评选出节水成绩突出的县（市、区）和国有农场。当年度节水量超过 2000 万 m^3，奖励“以奖代补”资金 20 万元；当年度节水量为 1000 万～2000 万 m^3，奖励“以奖代补”资金 10 万元；节水在 1000 万 m^3 以下，奖励“以奖代补”资金 5 万元。

（3）县（市、区）和国有农场所获得的“以奖代补”奖励资金的 30%，用于辖区农民用水者协会的“以奖代补”。

（4）按照节约水量的幅度，评选出节水成绩突出的水管单位。当年度节水幅度在 3%以上，奖励“以奖代补”资金 20 万元；当年度节水幅度为 2%～3%，奖励“以奖代补”资金 15 万元；当年度节水幅度为 1%～2%的，奖励“以奖代补”资金 10 万元；当年度节水幅度在 1%以内的，奖励“以奖代补”资金 5 万元。

（5）所有“以奖代补”资金均属专项资金，只能用于对市、县（市、区）、国有农场、水管单位、农民用水者协会的测量水设施、自动化设备的引进和对基层水管人员的业务培训，不得用于购置交通工具、人员工资、办公设施、差旅费等开支。奖励资金从自治区征收的水资源费中安排。

此外，节水交易机制和政府回购机制也是鼓励农田灌溉节约用水的一种激励机制。首先，把农业用水权分给农户。过去没有分水权，是“大锅水”，想用多少就用多少，用之不竭，取之不尽。现在水利部把农业用水的水权逐级分配下去，分配到灌区，灌区再分配到用水户，在这个前提下，实行总量控制。政府回购机制在国内一些地方已经开始推行，例如在甘肃黑河流域张掖地区，农民之间已经用水票开始进行交易。新疆北疆的一些灌区，政府的回购机制已经建立，例如鄯善县确定 2015 年水权制度改革试点面积 2 万亩。农民利用工程节水措施在定额内节约的水量，由县水务局进行回购，标准按照农业水资源补偿费征收 0.61 元/m^3 回购。北京市房山区也开始采用“水权回购制度”来实施农业节水奖励机制，按照“不用不奖、多节多奖”的原则进行奖励。

2. 惩罚办法

农业计划用水惩罚制度应参考 2014 年水利部颁发的《计划用水管理办法》中对“超计划用水累进加价征收水资源费”的相关规定执行：用水户年度用水超计划或者超定额的，按照国家或者省级人民政府有关规定缴纳累进加价水资源费或者水费。水行政主管部门对申请增加用水量的单位，要实施严格审批制度，对用水单位进行水资源论证，并严格执行超计划加价收费。对因管理不善，措施不利而超计划用水的单位，超计划用水量分别按现行水资源费标准和水费价格累进加价收取。各单位可参照下列标准制度相关惩罚标准：

（1）超农业计划用水加价制度。改变以前农业用水“不花钱、不限量”的现象，农业浇灌的花费就是浇水用的电费，每千瓦时的价格为 0.6～1.5 元。北京顺义区通过农业综合水价改革以水费形式收取，定价为 0.65 元/m^3。其中，设施农业灌溉每年每亩限额标准为 500m^3、大田 200m^3、果树 100m^3。超过限额部分，大田水资源费每立方米加收 0.08 元，其他每立方米加收 0.16 元。此外，在限额内每节约 1m^3 水奖励 1 元。而河北的某灌区则实施了农业阶梯水价改革，将地表水供水价格分为水权内、定额内和超定额三档水价，具体价格分别为 0.35 元/m^3、0.64 元/m^3 和 0.84 元/m^3，深层地下水供水价格定为 0.95 元/m^3。

（2）超农业计划用水，次年用水指标扣减。任何单位和个人不得擅自减免超计划用水累进加价水资源费，确需减免的，应由非生活用水户向市及区县水资源管理机构提出书面申请，经审核后确定。

5.5.3 利益补偿机制

若供水单位或供水公司的主营业务是向农业提供灌溉用水，而非向乡镇、城市提供工业和生活用水，就需要利用利益补偿机制发挥调节作用。这种补偿机制包括税收、投资、产业引导等手段和措施。

（1）税收调节。在我国的现行水价政策下，水价是大大低于供水成本的，因此供水机构向农业供水是非营利性的，这部分水费收入应该享受免税政策。除此之外，供水机构向非农业部门供水形成的盈利由于在整个收益中所占份额很少，因此这部分利润形成的税收，政府税务部门可以给予适度返还，作为企业（或事业单位）的农业供水公益金。另一方面，从 2004 年开始的农业税减免和种粮补贴、良种和农机补贴、农资综合补贴等种粮直接补贴政策，2015 年三项合作一项补贴，农业支持保护补贴等政策，都为减轻用水农户赋税，维持简单再生产，提高水费支付能力提供了较好的政策环境。地方政府应严格执行。

（2）政府投资引导。我国灌区工程多建于 20 世纪 50—60 年代，建设标准低、工程老化失修严重，大中型水利设施与田间水利设施工程不配套，缺乏有效的量水设施等情况仍然存在。基础设施的不健全、不完善导致供水机构和用水户都不愿意拿出数额较大的资金投入工程建设，水的浪费和非灌溉损耗惊人，加重了水的供需双方的负担。鉴于此，政府应加大对固定资产的投资，并吸引和带动社会资金的加入，给予它们优良的投资环境，降低投资成本，引导供水机构和农户完善田间水利骨干工程，减少水资源浪费现象，从而减少供水机构亏损，减轻用水户负担。

（3）引导产业结构调整。我国缺水严重的地区多是经济发展相对落后，农业产业结构比较单一的地区。以传统种植业为主的产业结构制约了农民收入的提高，也束缚了用水户投入更多的资金进行灌溉条件的改善。因此，政府应引导和扶持灌区内农民调整种植结构，开展多种经营，并积极帮助他们寻找和开拓市场，完善销售渠道，帮助农户增加收入。

第6章 >>

案例分析：渠灌区用水计量监控一体化管理模式

6.1 渠灌区计量监控一体化技术

在深入了解国内外灌区用水计量监控技术和设备发展现状的基础上，根据渠灌区的用水特点和计量监控的实际需求，集成利用传感器技术、计算机技术、自动控制技术、网络传输技术、太阳能光伏技术等现代信息技术，研发适用于渠灌区高含沙水流的信息采集技术，包括水位信息自动测报系统、远程自动化测流系统、远程视频监控系统，提出有线组网技术和无线通信技术相结合的灌区网络组网技术，开发基于安卓平台的移动信息管理平台——水情调度移动客户端，研制量控一体化设备——太阳能远程闸门控制系统，实现了大型渠灌区用水管理“精确计量、精准控制、无人值守、科学合理”的目标，从而提升灌区管理工作效率和水资源利用效率。技术框架见图6-1。

6.1.1 信息采集技术

1. 水位信息自动测报系统

灌区水情信息自动测报是灌区实现动态计划用水，科学调配，提高经济效益的重要途径。当前灌区水情信息主要是通过移动飞信由值班人员每隔2h发送一次，无法达到根据需要随时调取水情信息的要求。项目组研制了一种远程水位监测系统用于克服现有技术的不足，该系统可无地域限制、实时查看水情变化，为科学、高效调水提供重要科学依据。该远程水位监测系统由水情信息采集、传输、处理、分析、服务众多环节组成，是集科学管理和各种先进技术为一体的有机融合系统。

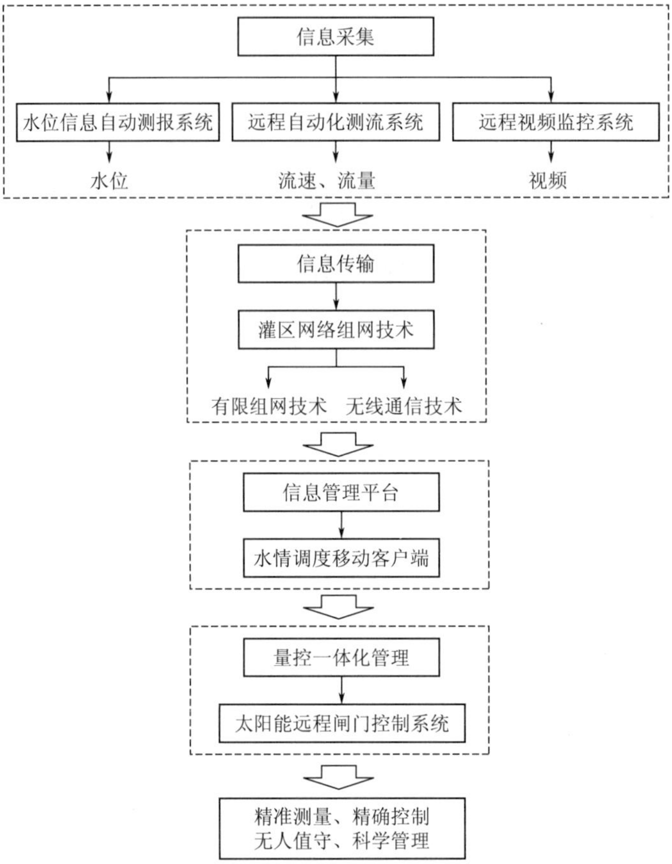

图 6-1　渠灌区计量监控一体化技术路线图

（1）系统结构。

系统包括测试终端、两组以上的无线 GPRS 发送端、无线 GPRS 接收端、接收机、服务器、上位机和智能终端等，详见图 6-2。

测试终端安装在测点现场，为两组以上，每个智能终端均与一个无线 GPRS 发送端相连接，通过无线 GPRS 发送端将测试终端测试的数据向外发送，接收机一端与服务器连接，另一端与无线 GPRS 接收端连接，无线 GPRS 接收端接收无线 GPRS 发送端发送的数据，上位机与服务器连接，测试终端包括液位变送器，智能终端通过互联网与远程水位监测系统连接。

服务器包括 Web 服务器、通信服务器和数据库服务器，三者通过局域网连接。

智能终端为 PC 机、平板电脑或智能手机等。

测试终端包括太阳能板和蓄电池。太阳能板给蓄电池充电，并由蓄电池供电测试终端。

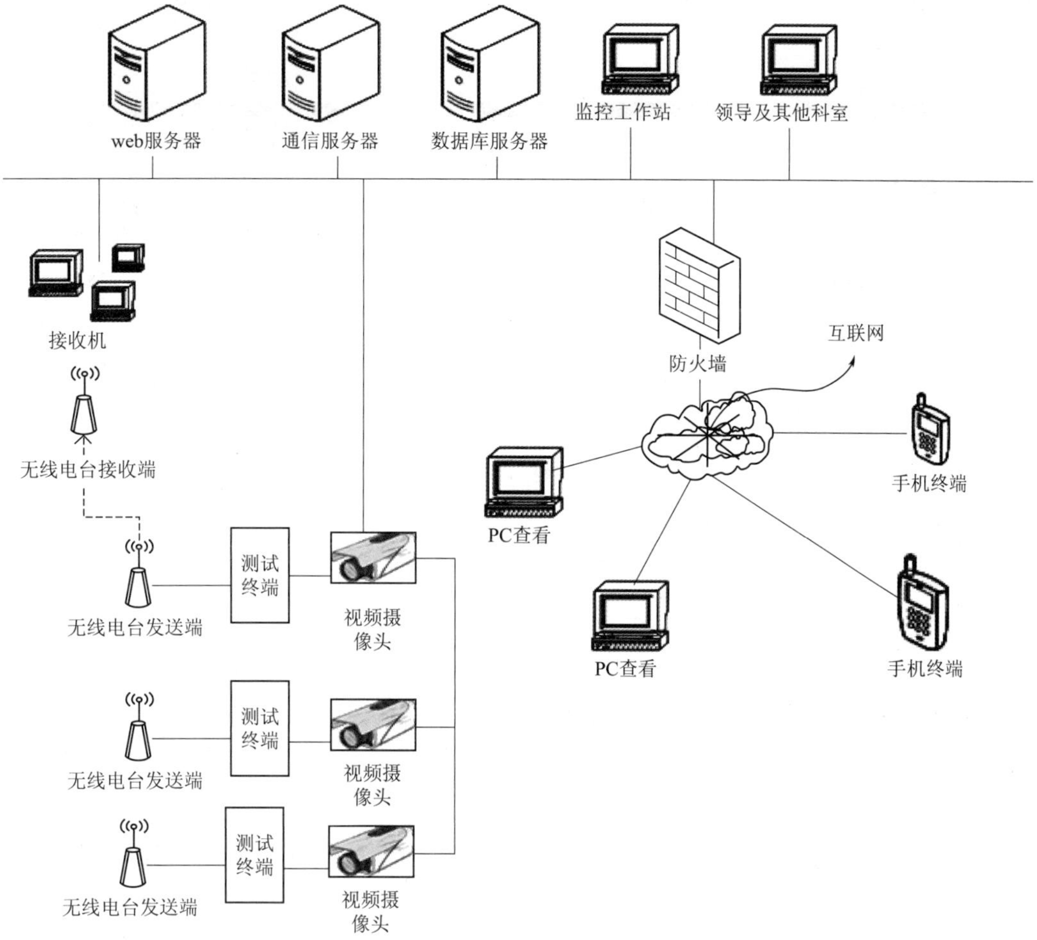

图 6-2 远程水位监测系统结构示意图

测试终端还包括视频摄像头、水位计、温度传感器、湿度传感器和风速测量仪等，测试终端与无线 GPRS 发送端连接，或者通过光纤与接收机连接。

在每个智能终端上连接无线 GPRS 发送端，通过无线 GPRS 发送端将测试终端测试的数据向外发送，接收机一端与服务器连接，另一端与无线 GPRS 接收端连接，无线 GPRS 接收端接收发送端发送的数据，同时将智能终端通过互联网与远程水位监测系统连接。

(2) 系统功能和特点。

1) 超设计水位运行及监测点水位变化过快自动报警功能。利用红绿灯的原理，设计红、绿、黄三种运行状态：干渠在正常水位运行状态为绿灯指示；超设计水位(0～10cm)运行状态为红灯预警、超设计水位(10～20cm)运行状态为两个红灯预警、超设计水位(30cm 以上)运行状态为三个红灯预警；在 30min 以内水位运行状态，降幅超过 30cm 为黄灯预警，（可考虑是否有渠道渗透及决口事件的发生），见图 6-3。

图 6-3 水位监测系统实时水位

2）水位数据存储器功能。测量数据服务器、前端采集器双存储，前端采集超长存储。在服务器出现问题，可从前端调出历史数据，前端存储按每 5min 采集存储 1 次，可存储长达 10 年的数据。

3）办公 OA 功能。针对灌区人工调水、配水特点融入办公 OA 功能，可由用水县（市、区）在此 OA 系统中提交用水申请，并由管理局审批。

（3）系统流程。系统通过无线传输方式由各闸管所水情测报系统向中心站服务器发送水情信息，并自动生成各种报表，对水情数据进行统计分析，水情系统显示直观美观。通过网络客户端直接传输到智能手机上，实现无限制远距离传输，水情信息实时传输，便于比对，可靠性高，维护方便，见图 6-4、图 6-5。

2. 远程自动化测流系统

（1）渠道测流方法比选。

河流与渠道内的流量测量在国际标准中统称为明渠（Open Channel）流量测量。由于渠道和河流有较大差别，流量测量自然有很多不同，各有其较适应的方法和仪器设备。一般讲，自然形成的河流断面河道较为复杂，流量较大，也不稳定。而渠道多为人工挖成，断面和河道比较顺直和稳定，流量变化也较小。相比之下，渠道内的流量测量较为容易。随着水资源问题的提出和重视，很多场合都希望能够迅速、准确地测得水量信息，特别反映在灌区和引水工程的水量计量、污染总量的控制和水资源调度控制方面，急需明渠自动水量计量仪器。

图 6-4 历史实时水情表

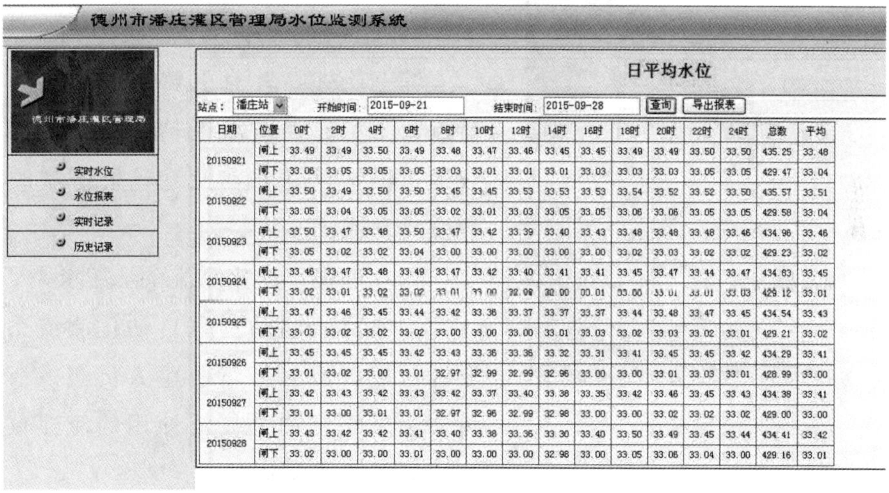

日期	位置	0时	2时	4时	6时	8时	10时	12时	14时	16时	18时	20时	22时	24时	总数	平均
20150921	闸上	33.49	33.49	33.50	33.49	33.48	33.47	33.46	33.45	33.45	33.49	33.49	33.50	33.50	435.25	33.48
	闸下	33.06	33.05	33.05	33.05	33.03	33.01	33.01	33.01	33.03	33.03	33.03	33.05	33.05	429.47	33.04
20150922	闸上	33.50	33.49	33.50	33.50	33.45	33.45	33.53	33.53	33.53	33.54	33.52	33.52	33.50	435.57	33.51
	闸下	33.05	33.04	33.05	33.05	33.02	33.01	33.03	33.05	33.05	33.06	33.06	33.05	33.05	429.58	33.04
20150923	闸上	33.50	33.47	33.48	33.50	33.47	33.42	33.39	33.40	33.43	33.48	33.48	33.48	33.46	434.96	33.46
	闸下	33.05	33.02	33.02	33.04	33.00	33.00	33.00	33.00	33.00	33.02	33.03	33.02	33.02	429.23	33.02
20150924	闸上	33.46	33.47	33.48	33.49	33.47	33.42	33.40	33.41	33.41	33.45	33.47	33.44	33.47	434.63	33.45
	闸下	33.02	33.01	33.02	33.02	33.01	33.00	32.98	32.00	00.01	33.00	33.01	33.01	33.03	429.12	33.01
20150925	闸上	33.47	33.46	33.45	33.44	33.42	33.38	33.37	33.37	33.37	33.44	33.48	33.47	33.45	434.54	33.43
	闸下	33.03	33.02	33.02	33.02	33.00	33.00	33.00	33.01	33.03	33.02	33.03	33.02	33.01	429.21	33.02
20150926	闸上	33.45	33.45	33.45	33.42	33.43	33.36	33.36	33.32	33.31	33.41	33.45	33.45	33.42	434.29	33.41
	闸下	33.01	33.02	33.00	33.01	32.97	32.99	32.99	32.96	33.00	33.00	33.01	33.03	33.01	428.99	33.00
20150927	闸上	33.42	33.43	33.42	33.43	33.42	33.37	33.40	33.38	33.35	33.42	33.46	33.45	33.43	434.38	33.41
	闸下	33.01	33.00	33.01	33.01	32.97	32.96	32.99	32.98	33.00	33.00	33.02	33.02	33.02	429.00	33.00
20150928	闸上	33.43	33.42	33.42	33.41	33.40	33.38	33.36	33.30	33.40	33.50	33.49	33.45	33.44	434.41	33.42
	闸下	33.02	33.00	33.00	33.01	33.00	33.00	33.00	32.98	33.00	33.05	33.06	33.04	33.00	429.16	33.01

图 6-5 水位监测系统日平均水位

我国一贯沿用的方法以流速面积法为主，需要人工操作，尽管测量精度很高，但达不到自动化的要求。少量使用的水位流量关系法，虽能自动测量流量，但准确度有限，不能满足上述几个领域水量计量的要求。

针对这些问题，近年来已按不同要求开始推广适应中小渠道的水量自动计量仪器和针对大型渠道、天然河流的各种声学流量计，都取得了不同程度的成功。

根据调研，目前国内外渠道测流方法主要有：流速仪缆道测流法、浮标缆道测流法、ADCP、雷达波测流系统、水工建筑物法等，项目组综合比较了各种测流方法，各种方法的优缺点如下：

1）流速仪缆道测流法。测量数据准确，是其他所有测流系统的校准方案，缺点是人工测流操作繁琐。

2）浮标缆道测流法。应急测流时使用，可以估算河道流量，无法作为常规测流手段。

图 6-6　流速仪

3）声学多普勒流速剖面仪（ADCP）。经过长年的校准后，常规测流数据准确，缺点是在含沙量高的河道中受泥沙影响非常大，以致无法测得准确数据。

4）雷达波测流系统。类似于浮标缆道，优点是可以实现无人值守，缺点是经济成本较高。

5）水工建筑物法。需要建造水利工程，工程巨大。

综上所述，针对引黄灌区高含沙水流的特点，为实现引黄灌区精确计量，选择流速仪缆道测流法，并在此基础上研制改造成远程全自动测流系统。

（2）远程自动化测流系统需求。

本项目研制的远程自动化测流系统，主要针对灌区测站流量测验人员测流所用。测流方法采用国内外广泛使用的流速仪法，流速仪见图 6-6。

根据灌区测站实际工作特点，该系统满足以下需求：

1）测流房网络覆盖、视频覆盖，可以远程访问到测流房并可以看到测流房内外情况。

2）测流房自动门改造，改造后可以实现通过缆道控制台控制测流门的开闭。

3）前后限位、上下限位，保证测流安全。

4）实时水位的读取，可以实现根据大断面和实时水位自动计算得到水边、自动计算需测垂线，省去人工找水边选择垂线等费事费力工作。

5）系统根据实时数据自动完成所有垂线的测量，不需要人工操作，省时省力。

（3）系统流程。系统流程如图6－7所示。

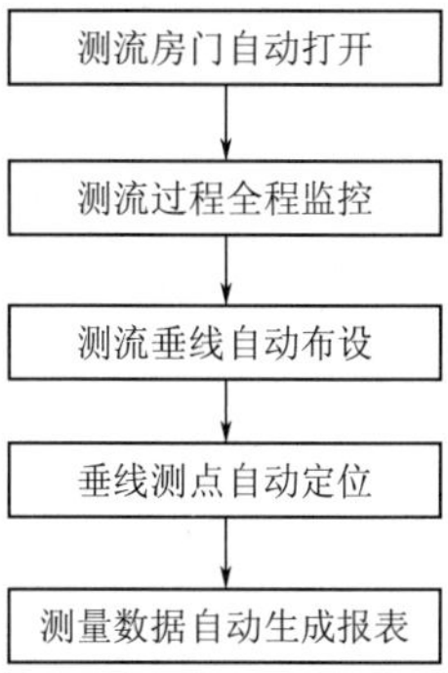

图6－7　系统流程

（4）系统结构。远程自动化测流系统包括流量测验、流量校核、流量分析、流量整编、帮助服务五大子系统，几个部分可根据测验方式和实际情况灵活选配使用。

1）流量测验系统。流量测验系统主要在水文测验人员在测流量时应用，系统主要包括参数设置、流量测验、流量计算、数据存取、显示打印、辅助工具等功能模块。在功能上具有以下特点：

a. 应用广泛。可用6种方式进行测验，适用于缆道、绞车、悬杆等各种测验方式。

b. 垂线复测。在测验过程中可随时复测一条垂线或测点。对于测点施测顺序不加限制。

c. 多股水流。对水流股数不加限制，非常适用于桥测或宽浅河道水流分股的情况。

d. 随时分析。随时绘制断面、流速、流量等分析图，对测验过程进行分析和指导。

e. 缆道模拟。显示缆道及铅鱼移动示意图，协助掌握缆车运行状态。

f. 参数记忆。设置参数及测验应用的重要参数均由系统记忆，下次运行时自动调入。

g. 输入方便。数据输入完毕确认后，由系统自动判断进入下一个可能的输入点。

h. 容错处理。全面控制操作过程，通过友好的提示和导引，防止操作和输入错误。

i. 灵活存取。可保存原始数据和计算成果，同时可装载已完成的测验数据，维护修改方便。

j. 执行规范。计算表及表中数据格式均按现行水文规范设计，简捷实用。

k. 界面友好。全中文汉字图形操作界面，通过人机对话以友好姿态面对用户。

l. 应急处理。测量过程中如发生异常问题，可保存测量过程。各种信号可以紧急屏蔽和人工发送。

m. 兼容性强。应用最新编程语言研发，适合各种操作系统，对电脑硬件要求较低。

2）流量校核系统。流量校核系统主要在水文测验人员校核已施测流量应用，系统主要包括参数设置、数据输入、流量计算、数据存取、显示打印等功能模块。在功能上具有以下特点：

a. 应用广泛。适用于缆道、绞车、悬杆等各种测验方式。

b. 垂线修改。在输入过程中可随时修改垂线和测点数据。对于测点输入顺序不加限制。

c. 多股水流。对水流股数不加限制，非常适用于桥测或宽浅河道水流分股的情况。

d. 流量分析。绘制断面、流速、流量等分析图，对校核流量进行深入分析。

e. 参数记忆。设置参数、校核应用的重要参数均由系统记忆，下次运行时自动调入。

f. 输入方便。数据输入完毕确认后，由系统自动判断进入下一个可能的输入点。

g. 容错处理。全面控制操作过程，通过友好的提示和导引，防止操作和输入错误。

h. 灵活存取。可保存原始数据和计算成果，同时可装载已完成的校核数据，维护修改方便。

i. 执行规范。计算表及表中数据格式四舍五入均按现行水文规范设计，简捷实用。

j. 界面友好。全中文汉字图形操作界面，通过人机对话以友好姿态面对用户。

k. 兼容性强。应用最新编程语言研发，适合各种操作系统，对电脑硬件要求较低。

3）流量分析系统。流量分析系统主要在水文测验人员对施测流量进行分析时应用，系统主要包括参数设置、流量装载、流量计算、流量分析、辅助工具等功能模块。在功能上具有以下特点：

a. 应用广泛。适用于缆道、绞车、悬杆等各种测验方式及各种型号的流速仪。

b. 全面分析。对实测流量和校核流量从断面、流速、$Z-Q$ 关系方面进行全面的定性和定量分析。

c. 参数记忆。设置参数均由系统记忆，下次运行时自动调入。

d. 容错处理。全面控制操作过程，通过友好的提示和导引，防止操作错误。

e. 界面友好。全中文汉字图形操作界面，通过人机对话以友好姿态面对用户。

f. 兼容性强。应用最新编程语言研发，适合各种操作系统，对电脑硬件要求较低。

4）流量整编系统。流量整编系统主要在水文测验人员对实测流量成果进行资料整编时应用，系统主要包括参数设置、流量整编、通用整编程序、辅助工具等功能模块。该系统在功能方面最大的特点：一是与《中国北方片水文资料整编通用软件》完全兼容；二是对实测流量整编资料原始数据文件进行了细致校核，极大减轻了人工资料校核及审查的工作强度。

5）帮助服务系统。帮助服务系统是帮助水文施测人员在应用测流软件时对操作步骤和操作方法进行指导。它采用人机交互方式，浅显明了，快速准确。

（5）系统参数设置。

1）测流垂线数目选择。测流垂线的数目视水面宽度、水深和测量精度要求而确定。按照国际标准规定，在比较规则的渠道断面，任意两条测流垂线的间距一般不大于渠底宽度的1/5，且应均匀布置。测流垂线数目越多，测得流量的误差越小。在实际的应用中，可根据精度需要，可以相应增减测线数目。

2）测线平均流速确定。本系统根据灌区水深情况及测流精度的需要，采取三点法测流，测量参数结果实例见图6-8。

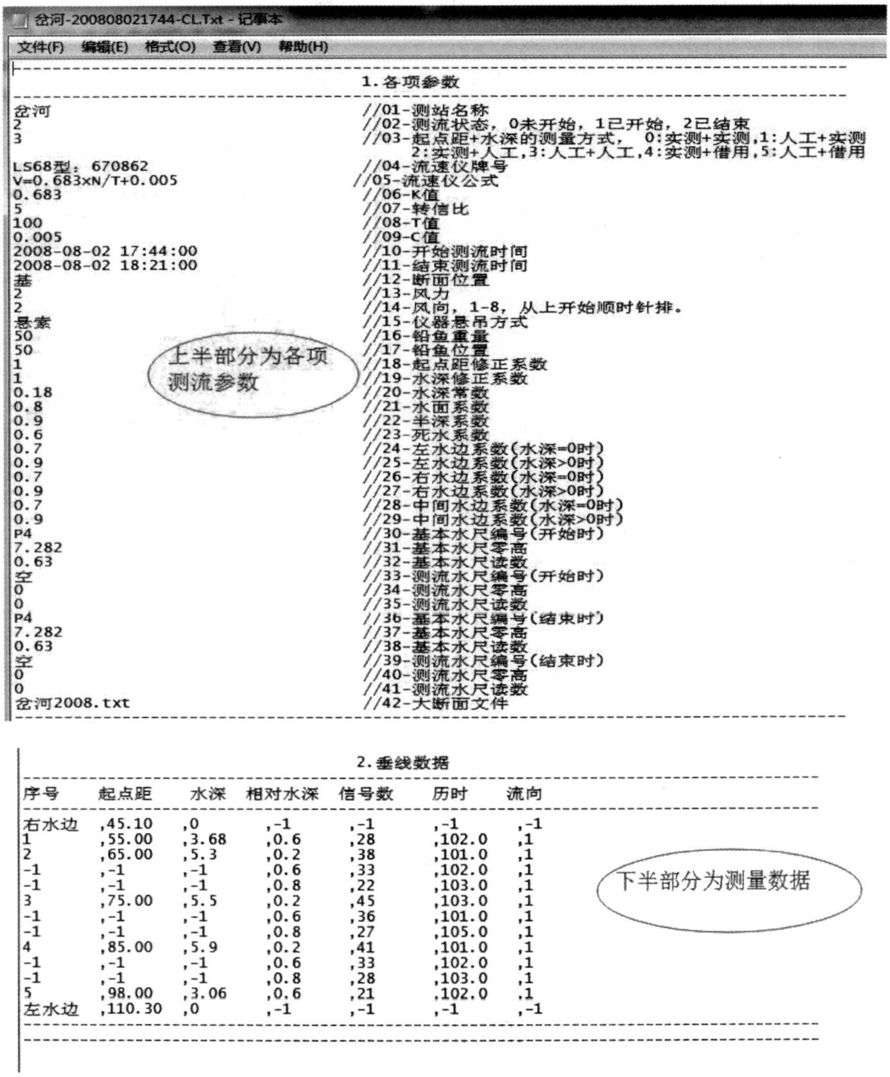

```
岔河-200808021744-CL.Txt - 记事本
文件(F)  编辑(E)  格式(O)  查看(V)  帮助(H)
------------------------------------------------------------
                        1.各项参数
------------------------------------------------------------
岔河                          //01-测站名称
2                             //02-测流状态，0未开始，1已开始，2已结束
3                             //03-起点距+水深的测量方式，  0:实测+实测,1:人工+实测
                                  2:实测+人工,3:人工+人工,4:实测+借用,5:人工+借用
LS68型：670862                //04-流速仪牌号
V=0.683xN/T+0.005            //05-流速仪公式
0.683                         //06-K值
5                             //07-转信比
100                           //08-T值
0.005                         //09-C值
2008-08-02 17:44:00           //10-开始测流时间
2008-08-02 18:21:00           //11-结束测流时间
基                            //12-断面位置
2                             //13-风力
2                             //14-风向，1-8，从上开始顺时针排。
悬索                          //15-仪器悬吊方式
50                            //16-铅鱼重量
50                            //17-铅鱼位置
1                             //18-起点距修正系数
1                             //19-水深修正系数
0.18                          //20-水深常数
0.8                           //21-水面系数
0.9                           //22-半深系数
0.6                           //23-死水系数
0.7                           //24-左水边系数(水深=0时)
0.9                           //25-左水边系数(水深>0时)
0.7                           //26-右水边系数(水深=0时)
0.9                           //27-右水边系数(水深>0时)
0.7                           //28-中间水边系数(水深=0时)
0.9                           //29-中间水边系数(水深>0时)
P4                            //30-基本水尺编号(开始时)
7.282                         //31-基本水尺零高
0.63                          //32-基本水尺读数
空                            //33-测流水尺编号(开始时)
0                             //34-测流水尺零高
0                             //35-测流水尺读数
P4                            //36-基本水尺编号(结束时)
7.282                         //37-基本水尺零高
0.63                          //38-基本水尺读数
空                            //39-测流水尺编号(结束时)
0                             //40-测流水尺零高
0                             //41-测流水尺读数
岔河2008.txt                  //42-大断面文件
------------------------------------------------------------

                        2.垂线数据
------------------------------------------------------------
序号     起点距    水深    相对水深  信号数   历时     流向
------------------------------------------------------------
右水边   ,45.10    ,0      ,-1       ,-1      ,-1      ,-1
1        ,55.00    ,3.68   ,0.6      ,28      ,102.0   ,1
2        ,65.00    ,5.3    ,0.2      ,38      ,101.0   ,1
-1       ,-1       ,-1     ,0.6      ,33      ,102.0   ,1
-1       ,-1       ,-1     ,0.8      ,22      ,103.0   ,1
3        ,75.00    ,5.5    ,0.2      ,45      ,103.0   ,1
-1       ,-1       ,-1     ,0.6      ,36      ,101.0   ,1
-1       ,-1       ,-1     ,0.8      ,27      ,105.0   ,1
4        ,85.00    ,5.9    ,0.2      ,41      ,101.0   ,1
-1       ,-1       ,-1     ,0.6      ,33      ,102.0   ,1
-1       ,-1       ,-1     ,0.8      ,28      ,103.0   ,1
5        ,98.00    ,3.06   ,0.6      ,21      ,102.0   ,1
左水边   ,110.30   ,0      ,-1       ,-1      ,-1      ,-1
------------------------------------------------------------
------------------------------------------------------------
```


图6-8 测量参数

（6）远程自动化测流系统实现方式。

1）系统测流过程。启动设备，确定起始位置，设置测量点数目及间距等参数。根据设定的程序，自动控制测流设备行进、停止和仪器收放，自动测量相对水深数据以及进行点测流和断面测量、计算，通过无线技术将相关采集数据传输到计算机，经过处理完成整个测流过程，一个测流过程用时 16min 左右。

在测流的同时，系统自动计算过水断面面积，并根据测得的各点流速，采用积点法自动汇总计算总流量和平均流速，显示在计算机软件中。

2）系统界面及数据处理。该系统配置了良好的人机交互界面设备，功能齐全。通过本系统可实现远程数据的监控，历史数据的存储、查阅、统计以及打印等一系列管理功能，见图 6-9。

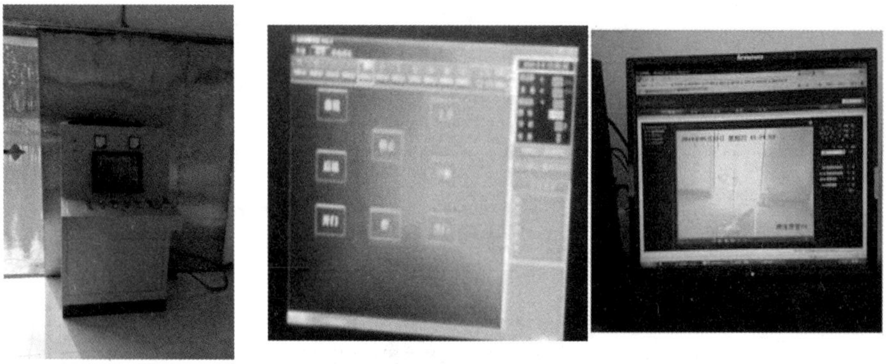

图 6-9　远程自动化测流系统界面（一）

系统本身操作的不是 Excel 表格，但是因为打印的计算成果表是 Excel 表格，并且在里面加入了必要的页面设置，使用户不用设置就可以直接打印，故建议安装 Office 软件，只要保存了原始数据，可以随时调入计算成果，远程自动化测流系统界面如图 6-10 所示。

远程自动化测流系统是现代化测流技术、控制技术、通信技术等集成的成果，能够实现对高含沙水流的动态监测、准确计量，减轻人工劳动量和强度，保证测量的精度以及缩短测量时间，全面提升灌区信息化建设和自动化管理水平。

3. 远程视频监控系统

远程视频监控系统主要用于对重要区域或远程地点的监视和控制，灌区视频监控系统将监控点实时采集的视频实时地传输给管理局监控中心，便于监控中心进行远程监控，对突发事件及时指挥处置。

（1）系统概述。远程视频监控系统是通过标准电话线、网络、移动宽带及 ISDN 数据线或直接连接，可达到任何角落，能控制云台/镜头，存储视频监控图像，

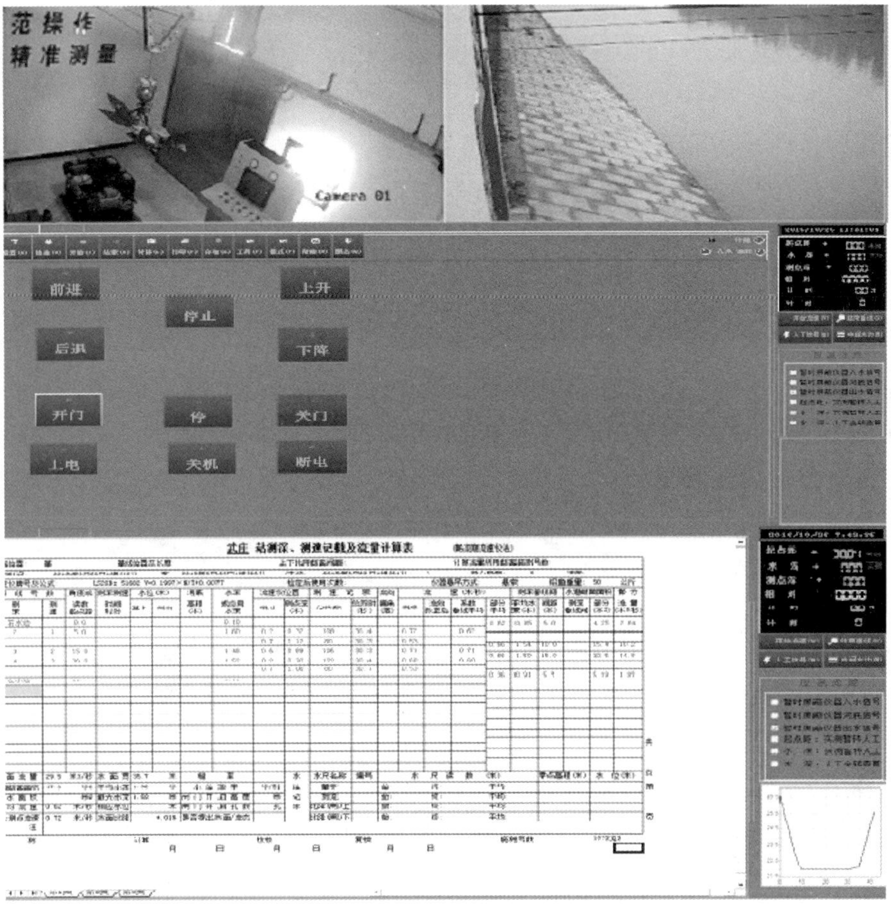

图 6-10　远程自动化测流系统界面（二）

见图 6-11。

基于传统的有线网络实现的视频监控存在着明显的缺点。这些缺点包括：布点受限制，监控点的选择一般都在靠近有线接入点的地方，这种方式限制了布点的灵活性；布点工程量大，需要铺设网线和光纤，由于基础网络的工程量往往会很大，因此一般有线监控比较适用于已存在基础网络的场合；工程周期长，铺设基础网络耗时耗力；欠缺灵活性，扩展和调整不方便，会增加工程量和不必要的基础网络建设；缺乏移动性，这是有线网络的先天缺陷。

为了解决上述问题，无线视频监控应运而生，从而让视频监控彻底摆脱了因有线而带来的种种限制。伴随着我国 3G/4G 网络覆盖、WiFi、卫星的民用化等技术的发展，基于 3G/4G 的无线视频监控技术得到进一步提高，无线视频监控将进入飞速发展的时代。

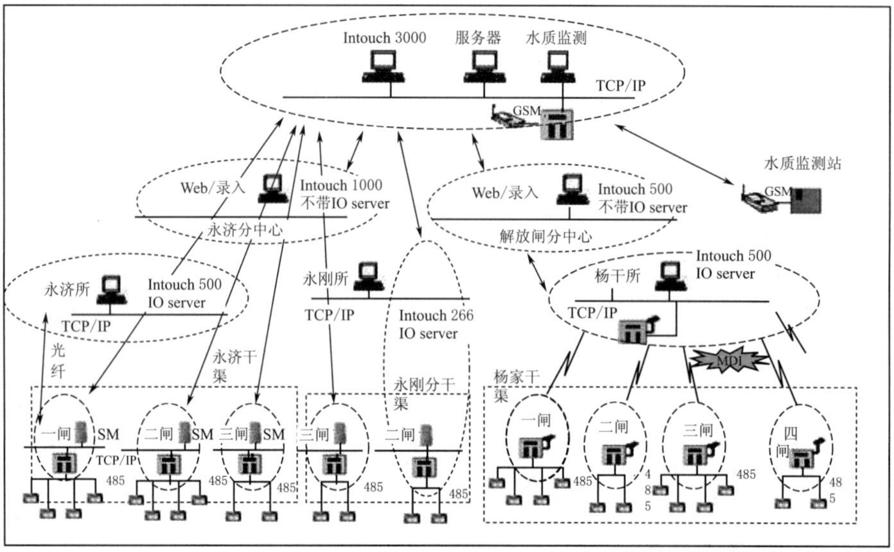

图 6-11　视频与监控系统

（2）远程视频监控系统实现方式。远程视频监控系统是基于数字视频监控系统的远程应用系统，通常有基于 PC 技术、基于网络摄像机和基于嵌入式 Web 服务器等几种远程监控系统的实现方式。

1）基于 PC 技术的远程监控。基于 PC 的多媒体远程监控系统一般由图像信号采集、输出控制、视频图像处理、信号传输、视频图像远程接收及远程控制等几部分组成。PC 式硬盘录像系统产品性能参差不齐，各种视频采集压缩卡设计性能不一，直接导致系统出现运行不良等问题。

2）基于网络摄像机的监控。“网络摄像机”是一种可以用 IP 地址识别的、集摄像和图像压缩并按网络协议传输图像数据的智能摄像机，它可以完成系统功能，而不会带来额外的维护需求。在对视频实时性要求不高的条件下，网络摄像机可以满足监控要求。监控中心服务器、监视终端和网络摄像机构成一个 Intranet 网，利用网络协议提供的各种管理工具可以有效地管理各个监控点的图像信息。

3）基于嵌入式 Web 服务器的远程监控。远程视频监控系统是以计算机为核心、结合 IP 视频技术、视频和音频数据的压缩及解压处理技术、计算机网络技术的一种监控主机系统。远程视频控制系统将监控信息通过网络和终端通信，与信息管理系统结合使用，提高管理水平和效率。计算机网络系统见图 6-12。

（3）远程视频监控系统实现的性能。

1）降低监控设备的功耗。由于监控点需要 24h 全天候工作，因此技术方案是否可行关键取决于太阳能电池的功率、蓄电池的容量和监控设备的功耗。太阳能电池的

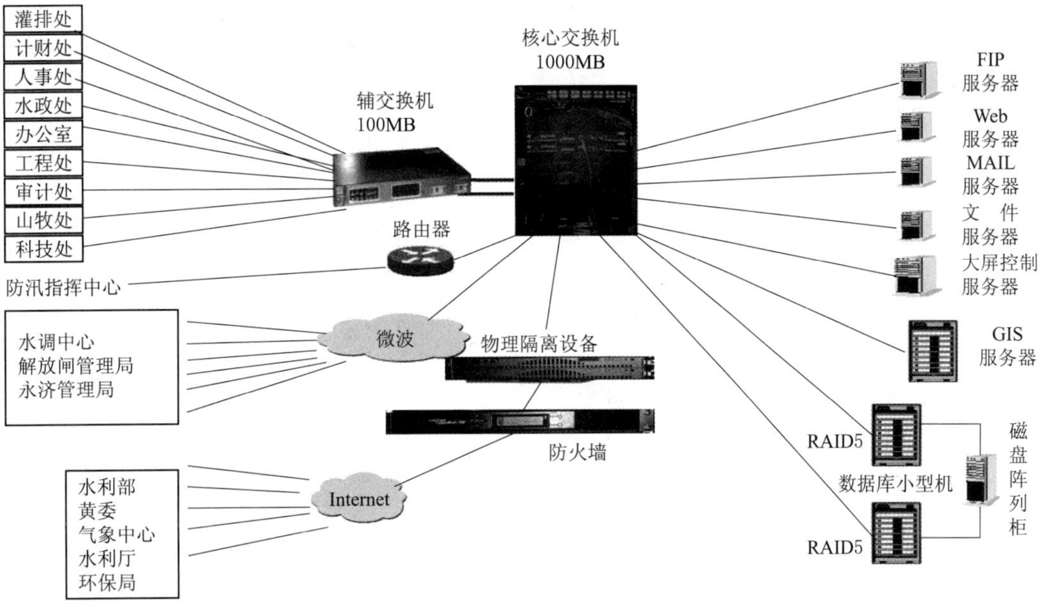

图 6-12 计算机网络系统

缺点是能量密度小、能量转换效率低，提高供电功率的途径是加大太阳能电池的面积和选取能量转换效率高的单晶硅太阳能电池。由于结构和成本的限制，不能一味地增加太阳能电池的面积。解决电源功率不足的另外一种方法是降低监控设备的功耗，现在市场上的监控设备大都是采用交流电源供电，如果使用普通的监控设备，需要经逆变器进行电源电压转换，而电源逆变器的转换效率一般只有 70%左右，这样势必增加太阳能电池和蓄电池的负担，并且逆变器的故障率较高。为了解决电源的这个问题，我们决定采用低压 12V 直流电供电。课题组与厂家合作设计制造了直流 12V 供电的云台控制解码器，直流 12V 供电的云台和直流 12V 供电的 54W LED 泛光灯，避免了逆变升压带来的效率损失。

2）提高电源的利用率。每个监控点的设备主要包括摄像机、云台、云台控制解码器、LED 照明灯、网络交换机、无线网桥、太阳能电池、蓄电池和充电控制器等，这些设备有些需要连续不间断工作，如无线网桥和网络交换机，而有些设备只是在调看图像时才需要工作，如摄像机、云台、云台控制解码器和 LED 照明灯。因此，课题组与厂家合作设计了一种节能控制器。这种节能控制器可以根据需要接通和关闭有关设备的电源，限制耗电功率比较大的 LED 照明灯的工作时间，能大大提高电源的使用效率和系统的可靠性。经试验，该系统在无充足阳光的阴雨天可连续工作 15d。

3）提升了监控视频的清晰度和可识别。远程视频监控系统在应用于冬季夜间带冰放水时，无法看清放水情况，项目组对红外灯、白炽探照灯、白炽散光灯、LED 照明灯的应用效果进行了测试。测试结果如下：

a. 红外补光，因渠道比较开阔，吸光力较强、红外灯光照射距离又比较近，导致无法看清渠道情况。

b. 白炽探照灯，因聚光比较强，照射距离远，照在冰上又形成反光点，依然无法分辨清楚情况。

c. 白炽散光灯，可以分辨出较近物体情况，但镜头变倍、变焦是就无法很好的补光了，功率较大、使用寿命较短、也无法很好地应用。

d. LED 照明灯，不仅省电，而且效果不错，但是当镜头变倍、变焦时也无法很好的补光，于是项目组就分别尝试用了数量为 3 颗、6 颗、9 颗、12 颗的 LED 照明灯对镜头变倍、变焦后进行相应补光测试，效果极好，满足视频监控要求，于是就把镜头变倍、变焦与 LED 灯光的 4 种最佳补光结合到一起，提高了监控视频的清晰度和可识别度。

远程视频监控界面如图 6－13 所示。

图 6－13　远程视频监控界面

6.1.2　灌区网络组网技术

目前组建远距离局域网接入方式很多，应用范围较广的组网技术包括有线组网技术和无线组网技术。有线组网技术包括光纤接入、VPN 技术等，无线组网技术包括无线扩频通信、GPRS 技术等。通信组网系统见图 6－14 和图 6－15。

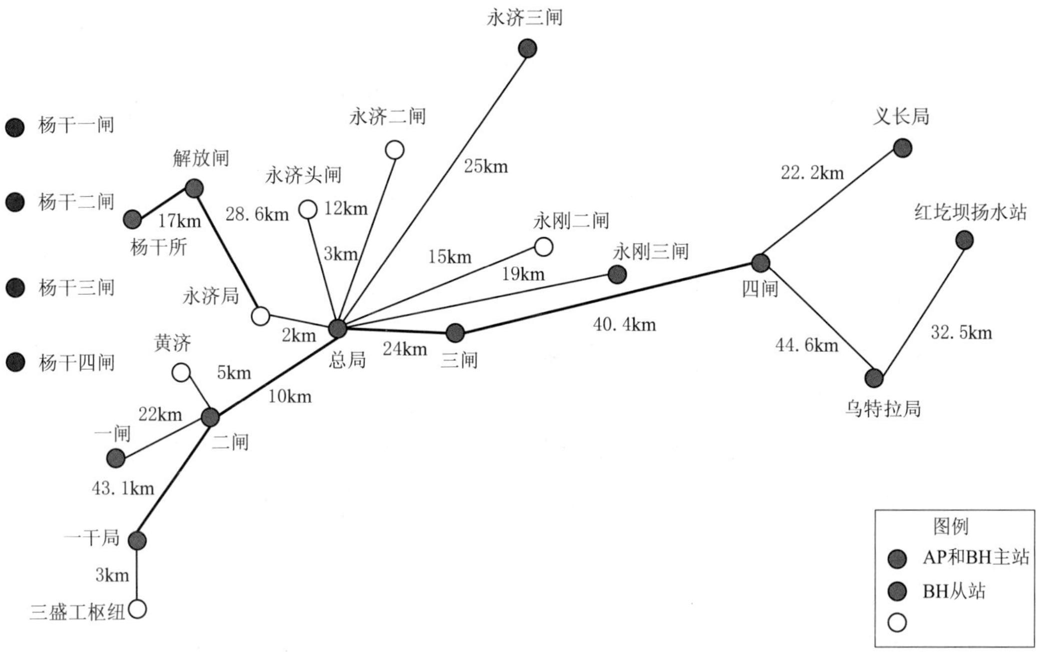

图 6-14 通信组网系统——有线组网技术

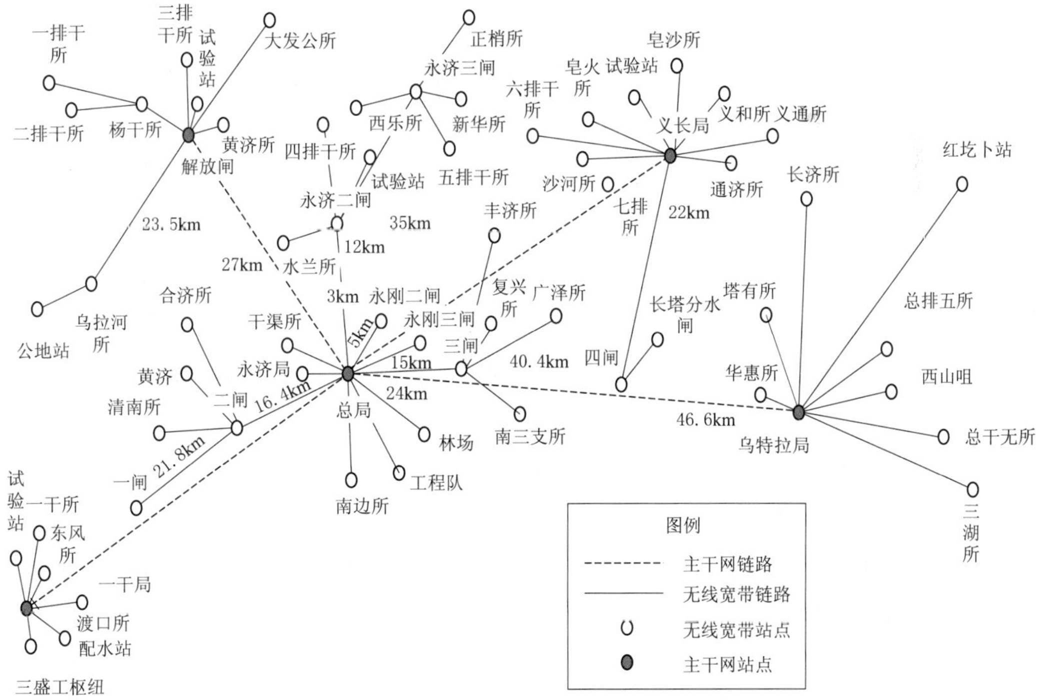

图 6-15 通信组网系统——无线组网技术

1. 有线组网技术

（1）光纤接入技术。光纤接入网是指以光纤为传输介质，并利用光波作为光载波传送信号的接入网。光纤接入网从技术上可分为两大类：有源光网络和无源光网络。

1）有源光网络指局端设备和远端设备通过有源光传输设备相连。有源光网络传输容量大，目前用在接入网的 SDH 传输设备一般提供 155Mbit/s 或 622Mbit/s 的接口。将来只要有足够业务量需求，传输带宽还可以增加，光纤的传输带宽潜力相对接入网的需求而言几乎是无限的。用户信息的传输方式都是点到点方式，均已在以太网中大量使用，技术成熟。

2）无源光网络指在光线路终端和光网络单元之间的光分配网络没有任何有源电子设备。目前常用的为 GPON，适合迅速增长的带宽和业务需求的新标准，在接入网络上提供 10Mbit/s、100Mbit/s 及 1Gbit/s 的服务。

光纤接入技术最大优势在于可用带宽大、传输质量好、传输距离长、抗干扰能力强、网络可靠性高、节约管道资源等特点。其劣势为成本较高，尤其是光节点离用户越近，每个用户分摊的接入设备成本就越高。

（2）VPN 技术。VPN 技术即虚拟专用网，是一条穿过混乱的公用网络的安全、稳定的隧道，通过对网络数据的封包和加密传输，在一个公用网络建立一个临时、安全的连接，从而实现在公网上传输私有数据，并达到私有网络的安全级别。该技术通常是对内部网的扩展，通过它可以帮助远程用户建立可信的安全连接，并保证数据的安全传输。其优点是建设简便，省去投资建设费用，缺点为后期管理费用高。

2. 无线通信技术

（1）无线扩频通信技术。扩频技术是指用来传输信息的射频信号带宽远远大于信息本身带宽的一种通信方式。在微波扩频无线教学网络中使用最多的是直接序列和跳频方式。发射功率越大，传输距离越远。该技术发展时间长，技术成熟，设备结构简洁，价格较低，连接迅速、适应复杂地形。

（2）GPRS 技术。GPRS 技术为通用分组无线服务，它是利用“包交换”的概念所发展出的一套无线传输方式。所谓的包交换就是将封装成许多独立的封包，再将这些封包一个一个传送出去。采用“包交换”的好处是只有在有资料需要传送时才会占用频宽，而且可以以传输的资料量计价，计费方式较合理。该技术使用便捷，其最大的优点为实时在线功能，当没有数据传送，就进入一种“准休眠”状态，释放所用的无线频道给其他用户使用，并保持逻辑连接，当用户再次有数据请求时，立即向网络请求无线频道用来传送数据。

3. 组网技术对比分析

项目组结合大型渠灌区的实际特点，对有线组网技术与无线组网技术进行了对比分析，详见表 6-1。

表 6-1　组网技术对比分析表

组网方式	接入方式	优　点	缺　点	备注
有线组网技术	光纤组网	1. 通信数据带宽很高、通信距离远； 2. 无中继站的设备建设与维护费用； 3. 技术成熟、设备成熟、容易实现	1. 一次性投入高、跨地区布线困难； 2. 专线布线、跨行政管辖地区协调复杂； 3. 布线位置选择不当，人为损坏概率大	
	专用网（VPN 等）	1. 初期投资低； 2. 无中继站的设备建设与维护费用； 3. 技术成熟、设备成熟、容易实现，通信距离远	1. 累计使用费较高； 2. 通信数据宽带有限； 3. 受地理条件限制； 4. 部分地区无法连接	
无线组网技术	无线扩频技术	1. 全数字传输、高带宽、传输可靠、干扰小； 2. 11MB 带宽以下技术成熟、设备成熟、容易实现； 3. 组网灵活，可扩展性强	1. 一次性投入较高； 2. 长距离传输需要中继站； 3. 需要安装在有人管理的地方； 4. 在山区等地不易传输	
	GPRS 技术	1. 实时在线，按量收费，费用低廉； 2. 无设备建设与维护费用； 3. 安装简单，使用方便	1. 地形复杂、无运营商信号覆盖的地区无法实现； 2. 传输速率低，只适合小流量数据传输； 3. 稳定性受运营商设备影响较大	

根据各种组网技术的对比分析结果，结合大型渠灌区的特点，建议选择多项组网技术相结合来构建灌区的通信网络。以潘庄灌区为例，潘庄灌区管理局控制中心利用 VPN 专线与基层 8 个站所连接，而灌区渠道上的量水与配水设施设备选择 GPRS 无线技术连接。

6.1.3 移动信息管理平台

为提高水情信息传输效率，项目组成功开发了水情自动化测报手机客户端，构建了灌区的移动信息管理平台，并已成功应用，效果良好，较好地满足了当前灌区工作的实际要求。本项目开发的水情自动化测报手机客户端是基于安卓平台的 APP 软件，只需在智能手机上安装该水情 APP 软件，使用时打开手机客户端就能实时在线查看潘庄灌区 8 个闸管所、16 个水位监测点的实时水位情况，还可以查询历史记录。通过智能手机，管理者可无地域限制、实时查看水情变化，为科学、高效调水提供重要科学依据。该系统由水情信息采集、传输、处理、分析、服务众多环节组成，是集科学管理和各种先进技术为一体的有机融合。系统通过无线数传的方式由各闸管所水情测报系统向中心站服务器发送水情信息，并自动生成各种报表，对水情数据进行统计分析，水情系统显示直观美观。通过网络客户端直接传输到智能手机上，实现无限制距离传输，水情现地传输，便于比对，可靠性高，维护方便。

1. 系统组成

本系统包括测试终端、两组以上的无线电台发送端、无线电台接收端、接收机、服务器、上位机和智能终端；每个智能终端均与一无线电台发送端相连接，接收机一端与服务器连接，另一端与无线电台接收端连接，智能终端通过互联网与远程水位监测系统连接。

2. 技术特点

系统通过无线数传的方式由各闸管所水情测报系统向中心站服务器发送水情信息，并自动生成各种报表，对水情数据进行统计分析，水情系统显示直观美观。通过网络客户端直接传输到智能手机上，实现无限制距离传输，水情现地传输，便于比对，可靠性高，维护方便。

3. 操作界面

水情调度移动客户端（APP）建设，为满足工作需求，方便管理管理人员随时随地了解水情，便于调水指令的下达，使用时打开手机客户端软件可选择“实时水情”“历史水情”“远程监控”“远程闸控”四个应用选项。选择“实时水情”就能实时在线查看潘庄灌区水位监测点的实时水位情况（见图 6-16）；选择“历史水情”可以查询水位历史记录及涨幅曲向图。选择“远程监控”可选择查看某处险工、险点的最新间隔视频；选择“远程闸控”可进行对某处闸门的远程提落（此功能需授权）；管理者可无地域限制、实时查看水情变化，为科学、高效调水提供重要科学依据。

4. 应用效果

系统运行以来，对灌区的安全引水、计划调水、节约用水、科学管理等方面均带来了较大的效益。

（1）为安全引水提供了可靠的信息保障。6min 可对总干渠水位数据更新传输一次，做到了水位监测的实时性，传送信息的准确性。同时，根据水位的波动能够及时调控各引水口门的流量，从而达到了水情调度决策的及时性，确保了工程安全引水。

（2）保证了计划用水调度的实施，促进了节约用水，确保了各方用水均衡受益。

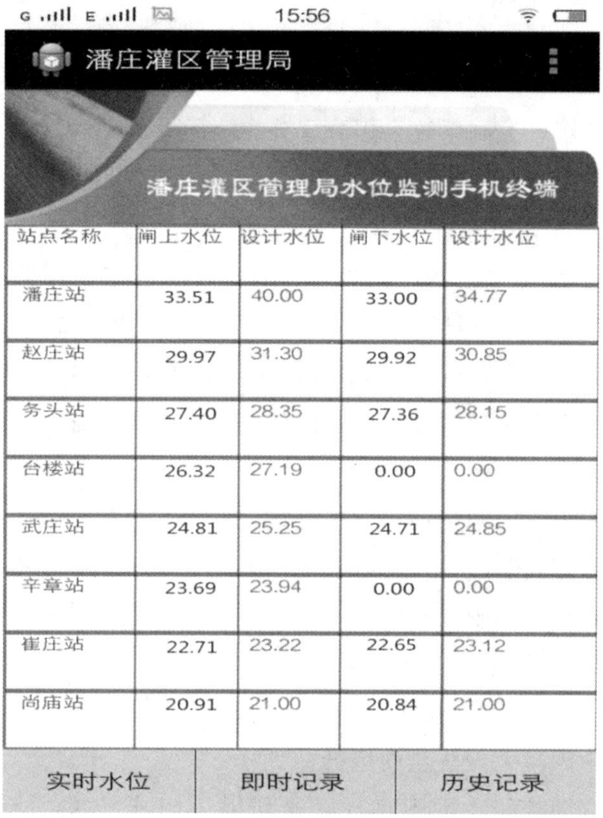

站点名称	闸上水位	设计水位	闸下水位	设计水位
潘庄站	33.51	40.00	33.00	34.77
赵庄站	29.97	31.30	29.92	30.85
务头站	27.40	28.35	27.36	28.15
台楼站	26.32	27.19	0.00	0.00
武庄站	24.81	25.25	24.71	24.85
辛章站	23.69	23.94	0.00	0.00
崔庄站	22.71	23.22	22.65	23.12
尚庙站	20.91	21.00	20.84	21.00

图 6-16　水情移动客户端 APP 实时水情

(3) 为抗旱调度提供了良好的技术支撑。改变了以往抗旱期间人工统计用水量的被动局面。系统应用以后，由于能及时准确地了解水情信息，为抗旱提供了有力的技术支撑，从而建立了正常的抗旱秩序，连续多年在抗旱期间未出现水事纠纷的现象。

(4) 改善了工作环境，减轻了管理人员的劳动强度，提高了工作效率。基层单位能据此迅速调整当天的供水方案，以确保本地段节约用水，达到本区域各个方面均衡受益。由于能及时掌握水情信息，加之又能远程遥控闸门，调度人员的工作压力和劳动强度得到了大大缓解和减轻。

(5) 为水资源优化调度提供了依据，促进了水资源综合利用效益的提高。系统应用以后，由于能监测水位、闸位的实时状况，了解全降雨分布情况，及时捕捉工程运行信息，为水资源的优化调度提供了依据，从而促进了水资源综合利用效益的提高。

6.1.4　太阳能远程闸门控制系统

1. 系统概述

我国当前闸门计算机控制系统采用分层分布式的功能结构，分为主控级（上位计算机）和控制级（现地控制单元、现地采集单元）。主控级采用双机互为热备用的方式。监控系统由主控计算机和现地单元级组成，其主干网络选择交换型以太网。工业控制计算机是集中监视和控制功能的人机接口，现场控制、采集单元根据地理条件采用现场总线、无线传输等通信方式。我国闸门计算机控制系统在管理与控制网络上还不够统一和规范，还有一些细节问题上还需要在具体使用环境下，做详细的研究、设计和规划，力求达到设计最优、成本最低、运行可靠、操作简单、维护方便等特点。

目前，闸门启闭为人工和电动机两种方式，均为现场操作。人工操作耗费大量的人力、财力和物力，方式落后，人为因素干扰多。电动机操作不能判断闸门板当前的运行状态，无法做到精确的闸门板定位，由于闸门底部淤泥等情况复杂，易造成螺杆顶弯变形，甚至破坏启闭机，不能保证河渠有效运行，影响防汛抗旱工作的正常开展。地域偏远、面广量大的中小闸门启闭耗电量较少，架设专线供电距离远、成本高，电动启闭机时常因缺电无法正常运行。

项目组针对现有闸控技术的不足，集成利用太阳能光伏技术、远程控制技术、计算机技术等，研制了一种无需架设电源线、可远距离安全稳定地控制闸门启闭，而且能精确确定闸门开度的太阳能远程闸控系统，达到迅速、及时调度输水水量的要求。

2. 系统组成

太阳能远程闸门控制系统主要由闸门控制系统、远程控制系统和视频监控系统组成。

（1）闸门控制系统。设置在水闸控制现场，实施目的是实时收集各闸站测量、控制、保护等有关数据，并对这些数据进行处理，对其工作情况、状态进行监视、控制，实现就地和远程分层分布式控制，为优化调度，以及合理引水、排水和改善水环境调度提供科学依据和先进控制方式。如图 6－17 所示。

（2）远程控制系统。采用分层分布式结构，中心设在管理局，实现信息汇总、信息交换、资源共享。分中心设在管理所，采集、接收辖区内监测点的数据。机房设于管理局，所有图像、数据经由管理局服务器处理，功能是实现对各闸门的控制和调节。见图 6－18。

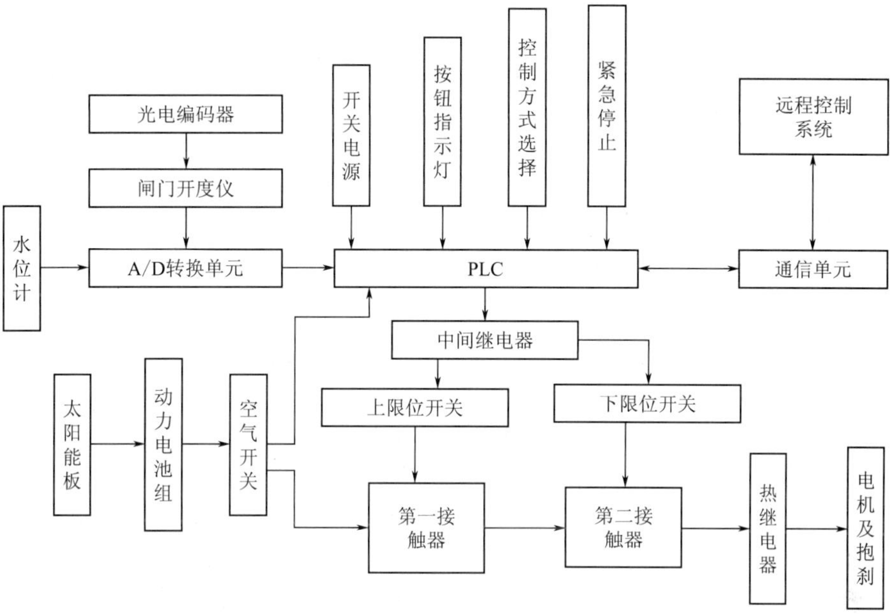

图 6-17　闸门控制系统

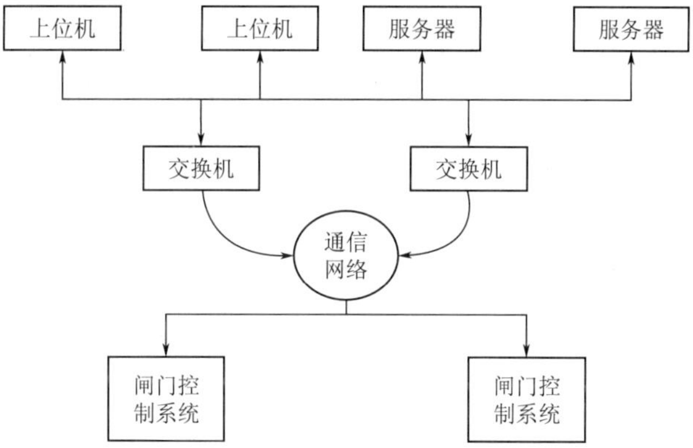

图 6-18　远程控制系统

(3) 视频监控系统。采用平台技术，将前端摄像机的视频信号、控制信号通过通信上传到监控中心，由监控中心及管理所的视频监控平台完成对闸站视频的监控，实现视频的观看、管理以及录像，功能是实现对各闸站的运行状态及输水情况进行实时监视。见图 6-19。

3. 系统性能

(1) 实时性。调用新画面的响应快；画面动态数据刷新；数据采集周期中数字量输入为 1s、模拟量输入为 2s。

(2) 可靠性。在水闸站可能出现的恶劣条件下，均能可靠地完成各种操作。控制

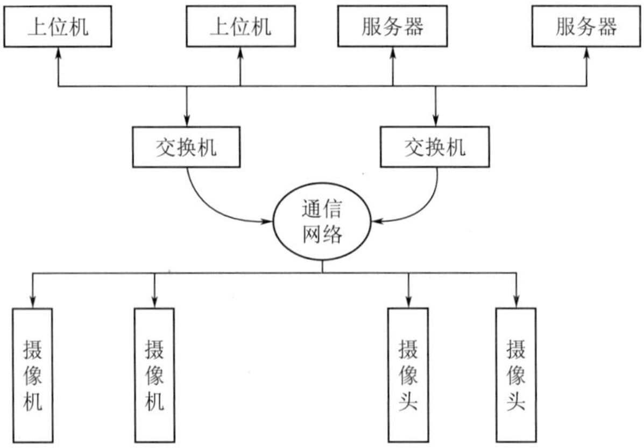

图 6-19　视频监控系统

系统具有足够的过电压、远距离控制的能力，适应温度高、灰尘多的环境，能长期稳定地工作。

（3）可维护性。具备自诊断程序，当有故障时能够方便地试验和隔离故障的断开点。用户可以根据需要方便地增减软件。

（4）安全性。系统可对每一功能和操作提供检查和校核，禁止误操作并报警。监控中心控制设置控制权口令，与现地控制级之间设置操作权闭锁，两级不能同时操作。保证信息中的一个信息量错误不会导致系统关键性故障，出错或失效时发出警告。能够对响应有效信息或没有响应有效信息作明确肯定的指示。

4. 安全保障

太阳能远程闸门控制系统应用的关键在于安全问题，为提高太阳能远程闸门控制系统的安全性，项目组采取了以下保障措施：

（1）设定远程操作权限。通过密码设定操作人员的操作权限。经授权的操作人员在操作时，也经过多次确认才能使设备动作，防止人为误操作。

（2）电机负荷检测保护。通过现场工控计算机实时检测电机负荷，一旦发现超负荷，自动停止运行并报警。

（3）启闭机压力保护。通过现场工控计算机实时检测启闭机承受的拉力和压力，一旦发现启闭机承受的拉力或压力超限，自动停止运行并报警。

（4）闸板位置超限软件保护。提升或下降闸板时，现场工控计算机实时监控主板位置，一旦发现闸板位置超限，自动停止运行并报警。

（5）闸板位置超限硬件保护。该项功能是假设在现场控制系统失控的情况下提供的保护功能，在闸板的上下极限位置设置行程开关，一旦该行程开关触发，立即切断电机电源，该功能独立于现场工控计算机单独运行。

（6）启闭机拉力压力硬件保护。启闭机的4个固定螺栓采用拉力安全螺栓，该项功能是假设在现场控制系统失控的情况下提供的保护功能，由于系统失控造成启闭机压力过大，拉力安全螺栓断裂，传感器开关触发，立即切断电机电源，该功能独立于现场工控计算机单独运行。

（7）电机过流、缺相、漏电保护功能均独立于现场工控计算机单独运行。

5. 应用

太阳能远程闸控系统研制成功以来，已先后在潘庄引黄总干渠、平原县水务局以及偏远闸门无供电情况推广应用，见图6-20～图6-23。

图6-20　太阳能远程闸门控制系统现场图

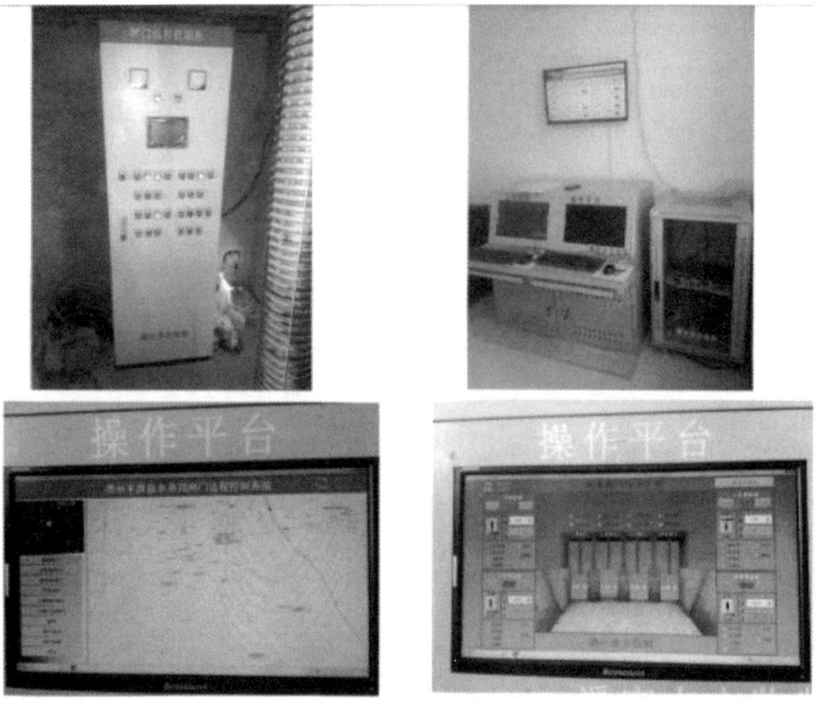

图 6－21　平原县水务局远程闸控现场及操作平台

图 6－22　高沟引水闸门远程控制界面

图 6-23 五干远程闸门控制系统现场远端视频截图

太阳能远程闸门控制系统解决偏远闸门无供电问题、节省架设电源专线所花费的大量投资，避免了强电遭雷击及人员触电的危险。系统在各种大中小型闸门启闭都可应用，特别是地域偏远、面广量大的中小闸门应用效果更加明显。

本项目研制的太阳能远程闸控系统具有如下技术特点：该系统由光伏储能提供动力电，远程精确控制输水闸门的开闭和运行，实时监测传输水量水位，3～5min 内实现开启和关闭，改变了以往人工 3h 左右才能启闭一孔闸门的被动局面。水闸管理站所实现无人现场值守，管理运行部门实现远程监控和正确决策，水资源实现统一调度和优化配置，河渠输水实现科学、及时、准确调度。

6.2 引黄渠灌区计量监控一体化技术模式研究

6.2.1 潘庄引黄灌区概况

潘庄引黄灌区位于山东省德州市西部，东临李家岸引黄灌区，西部与聊城市接壤，南临黄河左岸，北部、西北部以卫运河、漳卫新河为界与河北省相毗邻，总面积

5867km²，设计灌溉面积 3333km²，属于全国大型引黄灌区之一，自然资源丰富，为国家主要粮食生产地区。

潘庄引黄总干渠于 1972 年建成投入运行，横跨齐河县、禹城市、平原县 3 个县（市），全长 91.3km，设计流量 120m³/s，有干渠 12 条，总长 155.6km。总干渠上各类建筑物 178 座，其中节制闸 9 座，渡槽 4 座，桥梁 57 座，干渠引水闸 108 座。承担着调引黄河水，向齐河县、禹城市、平原县、德城区、武城县、夏津县、陵城区、宁津县 8 个县（市、区）工农业生产和城乡居民生活的供水任务。灌区总人口 336.1 万人，其中城镇人口 106.4 万人。工农业总产值 1670.1 亿元，其中工业产值 1492.7 亿元，农业产值 177.4 亿元。

灌区地势自西南向东北倾斜，自然坡降 1/10000 左右，内有徒骇河、马颊河、德惠新河、漳卫新河等主要河流。除漳卫新河受上游山区洪水影响外，其他河流均属季风区雨源型河流，径流量小，年内分配不均，年际变化大，不能为灌区提供可靠的水源。

灌区气候属于暖温带半湿润季风性气候，四季分明，光照充足。多年平均气温 12.8℃，最高气温 43.4℃，最低气温 −27℃，年日照时数 2600～2850h，无霜期 195～225d，土壤冰冻层深度 0.36～0.48m。多年平均蒸发量 1550mm，降水量 572mm，2/3 的水量集中在 7—9 月三个月，形成了"春旱、夏涝、晚秋又旱"的自然特点。

总干渠多年平均引水 10 亿 m³，是全市经济社会发展的生命线。潘庄灌区自建成通水后，极大地满足了灌区工业、农业、城市生活用水，促进了灌区经济的发展和社会的和谐稳定。

6.2.2　潘庄引黄灌区工程现状

（1）渠首闸。总干渠渠首引水闸位于齐河县马集乡潘庄村附近黄河险工处，闸前引水渠基本垂直黄河岸线，呈喇叭口状，特点是座弯迎流，有利于引取黄河水。闸孔为 3 联 9 孔钢筋混凝土箱形涵洞，引水方式为无坝引水，设计流量 120m³/s。

（2）渠系工程。灌区建有总干渠 1 条，长度为 91.3km，底宽设计 21～46m，流量为 150～80m³/s。其中渠首闸至赵庄闸段为输沙渠，长度为 11.9km。总干渠目前已衬砌护坡 76.53km。灌区内主要干、支渠共有 696 条，总长 2788.7km，已护坡 25.3km。

（3）骨干渠系建筑物。总干渠上现有节制闸 7 座，渡槽 2 座，穿涵 7 座，桥梁 57 座，引水涵闸 102 座，溢流堰 1 座，还有 50 多处虹吸。干、支渠现有建筑物3449 座，其中闸296座，桥2880座，渡槽134座，涵洞23座，其他116座。

1. 管理组织

潘庄灌区管理实行分级管理、分级负责、责权相结合的管理办法，建立形成市、县、乡、村四级管理网络。德州市黄河河务局负责潘庄引黄总干渠渠首闸的管理，潘庄闸管理所具体实施。德州市水利局负责潘庄灌区引黄供水管理，包括供水调度、水费计收、泥沙处理、灌区大中型工程的规划、建设实施等。德州市潘庄灌区管理局隶属德州市水利局，设有灌溉科、工程科、派出所、办公室等八个管理所，主要负责潘庄引黄总干渠的灌溉管理以及堤防、建筑物工程的维修管护。县市水行政主管部门负责其境内骨干渠道的供水管理和工程管理，总干渠上游齐河县、禹城市、平原县三个县（市）设有引黄所，隶属各县（市）水务局，业务上接受潘庄管理局的指导，主要负责本县（市）境内总干渠的灌溉管理和堤防管理。乡镇水利站和用水户协会负责田间工程的灌溉管理和工程管理。

2. 灌区信息化建设概况

潘庄灌区管理局自2009年开始，先后投入300多万元，完成了“一个平台”“四大系统”的建设，即搭建了一个网络信息平台，在此信息平台上运行着水位传输、视频监控、远程闸控和自动化测流四大系统，实现了对总干渠沿线重点建筑物水情、工情监测和控制。

（1）网络信息平台。管理局与各站所通过VPN专线连接，构成局域网，局中心与各测站之间使用局域网进行数据传输，管理局信息中心采用10M的VPN专线，各测站均采用2M的VPN专线。该信息平台兼容不同的网络接入方式，具备外网访问和异地查看功能，具有可扩展性，主要功能是实现对潘庄总干渠、相关单位或站点的水情信息的管理。构建网络信息平台主要设备有计算机、数据交换机、光复路中断机、光路协助转换器等。该网络通过无线网桥技术实现了对总干渠全长91.3km的无缝覆盖。

（2）水位数据传输处理系统。水位传输系统由HW-1000型非接触性超声波水位计、水位计前站机、无线数据传输机、无线数据接收机和水位数据处理机五大部分组成，2009年实施完成，共建设8个测站14测点。该系统具备水位自动采集传输、实时上传（每6min一次）、自动生成分时水位和月平均水位、各种水位特征值统计和水位超限多级报警功能。

（3）视频监控系统。潘庄总干渠运行的视频监控系统主要由网络视频服务器、摄像机、照明设施组成，数据传输通过有线和无线两种方式实现。视频监控系统，实现了管理局对总干渠实时监控，实时掌握总干渠运行状况，特别是在冬季带冰引水时发挥了显著作用。

（4）远程闸控系统。管理局为总干渠重要的 8 座引水涵闸安装了远程控制系统，其中 7 座涵闸的动力系统采用外接交流电，1 座涵闸的动力系统采用太阳能电池供电。远程闸控系统包括动力设备、启闭设备、跟踪监控设备和传输设备等，利用无线网桥技术并入信息平台。远程闸控系统主要特点是远程控制、现场控制、电动控制、手动控制相结合，便于控制管理。

安装远程闸控系统，实现了灌区管理单位对总干渠重要引水涵闸的有效管理，弥补了现行管理体制中存在的某些不足，切实解决了过去由县乡村随意启闭闸门的现象，有利于管理单位对引黄供水进行科学合理的调度。

（5）远程自动化测流系统。试点测站改造基本完成，其特点是能够实现测流房门自动打开，测流过程全程跟踪，测流垂线自动布设，垂线测点按照水文规范要求自动定位，测验数据成果以表格形式自动打印。

3. 灌区用水计量监控一体化技术应用情况

通过单项技术试点运行，效果良好，并在总干渠沿线主要控制点进行组网应用。应用情况分标详见表 6-2 和图 6-24。

表 6-2　　潘庄灌区量测一体化管理技术应用情况表

县域	站　点	水情自动测报	水情调度 APP	自动测流	远程监控	远程闸控
齐河县	潘庄引水闸	√	√	√	√	
	赵庄节制闸	√	√	√	√	
	一干分水闸					√
	二干分水闸					√
	三干分水闸					√
	四干分水闸					√
	五干分水闸					√
	大王桥				√	
	刘黄桥				√	
禹城市	台楼节制闸	√	√	√	√	
	武庄节制闸	√	√	√	√	
	七干分水闸					√
	生张分水闸					√
	八干分水闸					√
	九干分水闸					√
	瓦王渡槽				√	
	武庄渡槽				√	
	房寺桥				√	

续表

县域	站　点	水情自动测报	水情调度 APP	自动测流	远程监控	远程闸控
平原县	辛章节制闸	√	√	√	√	
	崔庄节制闸	√	√	√	√	
	尚庙节制闸	√	√	√	√	
	十一干分水闸					√
	十二干分水闸					√
	十三干分水闸					√
	十四干分水闸					√
	笃马河分水闸					√
	尾堰西分水闸					√
	三级沉砂池险工				√	
	张官店险工				√	
	尾堰险工				√	

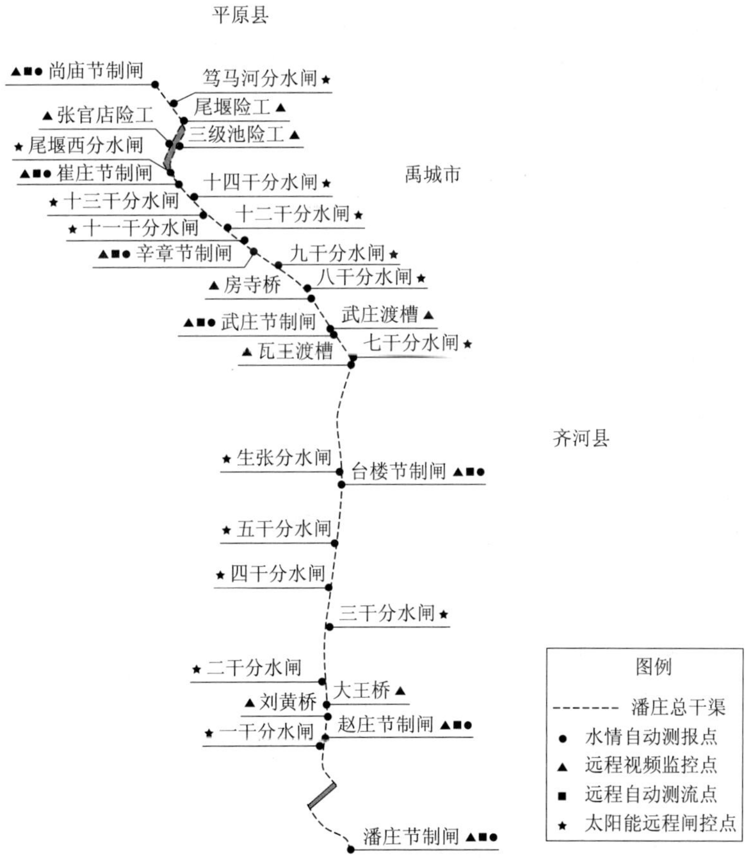

图 6-24　潘庄灌区各站点分布

潘庄灌区计量监控一体化技术经过实际运行检测，效果良好。

（1）水位自动测报系统。利用自主研发改进的水位接收机，可实现测点水位每6min 自动测报一次，实时传输，具有数据存储分析，水位涨幅曲线图及年报表功能等功能。可实现实时监测总干渠监测点的水位变化情况，还具有对超设计水位运行及监测点水位升降突变自动报警的功能。避免了因人工采集所造成的精度不高、时效延误、恶劣天气无法采集的弊端。

（2）太阳能远程闸控系统。采用光伏储能作为动力，可实现农电保证率不高和偏远区段无电状态下的闸门远程控制；实时记录闸前（后）水位、闸门提起高度、引水流量、操作延时等信息，也可根据用水指标，设定引水量，闸门在到达引水量、自动关闭闸门。

（3）远程视频监控系统。可在管理局中心平台显示，分用户权限控制，各管理所对本辖区内险工险点通过客户端软件进行巡检控制。建立了水政执法、地方公安、工程管理人员和电子监控网络“四位一体”管理模式。

（4）远程自动测流系统。将测流仪房门改为电动门，通过 PLC 远程控制房门开启。实现自动测流并汇总到管理局数据中心。

（5）水情调度 APP 系统。安装在智能手机上，可实现管理人员实时掌握水情资料，改变了以往由值班室工作人员以飞信形式每天两次向管理者手机上发送水位情况。

应用效果对比见表 6－3。

表 6－3　　应用前后效果对比表

项　目	应　用　前	应　用　后
水位测报	1. 采用超声波水位计，驻站值守人工汇总上报； 2. 夜间及恶劣天气无法施测	1. 采用自主研发 WJJF1 型水位接收机，自动测报，实时传输，具有数据存储分析，水位涨幅曲线图及年报表等功能； 2. 全天候，不受天气影响
闸控系统	1. 接到指令，现场启闭。断电或无电状态，人工启闭，时效延迟，历时平均 3h； 2. 夜间或恶劣天气启闭困难，作业危险	1. 采用太阳能动力，实现远程 3～5min 完成控制； 2. 可根据用水指标，设定引水量，闸门自动启闭； 3. 实时记录闸门前后水位、行程高度、引水流量、操作时间等； 4. 全天候，不受天气影响
视频监控	在各监控点分中心人员 24h 驻守值班	在管理中心集中显示，分户权限控制
测流系统	1. 测站驻守，采用缆道铅鱼，人工现场开启测流门，铅鱼人工定位，测流数据需人工电话上报中心； 2. 遇恶劣天气无法施测	1. 采用电动测流门，自动测流、数据上传管理中心； 2. 实时视频监控； 3. 不受天气影响
水情调度 APP	无，水情信息由值班人员每天两次，以飞信形式往管理者手机上发送，时效性较差	水情信息每 6min 更新一次，管理人员可实时掌握水情动态，及时做出防控预案

4. 适用性分析

(1) 经济效益分析。

1) 省工减支。灌区信息化管理技术改造之前，总干渠沿线各站所，除配备正常驻站值守和常规检修维护人员外，尚需配备专职水位（流量）测报员、堤防建筑物等安全巡查员共45人、车辆3部，引水期间再增派3车15人，进行分段巡查。改造之后，水位流量实现了自动测报，总干渠堤防、桥梁、节制闸、分水闸及沉沙池等重点建筑物、险工险点均实现了远程监控，闸门启闭实现了远程自动控制。真正做到了无人值守、全天候、无缝实时测控。省去了大量人力、物力投入。经测算，按升级改造后人员重新调整配备，可减少人员63人、车辆3部，年可节省人工工日0.95万个、燃油4.5t，年均减少经费支出160万元。

2) 避险减灾。灌区开灌40多年来，总干渠（地上渠）共发生决口12次，发生概率30%，造成淹地赔偿和工程修复等直接经济损失1500多万元，年均损失38万元。主要原因有：①随着灌区经济的发展，对水的需求量不断加大；②黄河小浪底水库的建成，定时调水调沙，致使总干渠抢引黄河水，超负荷运行；③管理局巡查人员较少，特别是遇夜间和恶劣天气，巡查难度更大，再加上水情、工情信息掌握不准确、不全面，遇到险情，汇报沟通不及时，经常造成决策处理滞后，从而造成溃坝决堤，造成损失。总干渠量控一体化智能管理系统运行后，可有效避免重大险情的发生，使调度供水更加科学合理。

3) 水费增收。灌区多年平均引水量为9.5亿m^3，引水天数151d，按多年发生决口的概率为30%，决口后抢险堵复时间25d计，年均少引水0.47亿m^3。再加上因避险保堤分水水量0.05亿m^3，年可增加计量水量0.52亿m^3，按照德州市水利局现行农业灌溉水费计收终端价0.065元/m^3，可增收水费338万元。

4) 节省供电线路及电费。改造前，总干渠有10个闸控用电力供电系统，每年一个闸控管理费2000元，合计20000元；每年一个闸控电费400元，合计4000元，总算起来一年的闸控费用为24000元。改造后总干渠的闸控系统全部用太阳能供电，每年可节省24000元的费用；一个闸控供电线路建设按一处2km算，线缆每米按10元，建设施工每1km按3000元，一个闸控点节省23000元，10个节省23万元。

(2) 社会效益分析。潘庄灌区智能管理技术的应用，使干渠运行更加安全、可靠。避免了引起过去引水期间干渠沿线当地老百姓担心决堤淹地造成损失的恐慌。同时，随着灌区安全引水、计划调水、计划配水、计量收费等管理制度的健全和管理措施的推进，促进了灌区用户节水意识的提高，灌溉方式的转变、产业结构的调整，促进了社会的和谐稳定和可持续发展。

总之课题成果应用，提高了总干渠安全输水的保证率，降低了年运行费用，增加了水费收入，节省了大量的人力、物力，提高了灌区利用高科技手段进行优化调度供水和合理配置水资源的管理水平。

6.3　水稻田灌区计量监控一体化技术模式研究

我国水稻的播种面积仅次于印度，约占世界水稻总面积的 1/6，占国内粮食种植面积的 26.9%。我国耕地面积控制在 18 亿亩，水稻种植面积近 4.5 亿亩，农业用水占全社会用水总量的 60%以上。但是，水稻灌溉用水占整个农业用水量的 90%以上，个别地区（黑龙江省）达到 96%，所以，节约控制水稻田灌溉用水量，才能有效地、大比例实现节水目标，使节水增粮行动具有比较显著的、实际的现实价值。水稻田传统灌溉方式为淹灌，该灌溉方式不仅耗水量大，水资源浪费十分严重，水分利用效率也低，而且容易引起面源污染。我国节水灌溉自动化控制技术应用在引进国外技术的基础上起步的，首先是在缺水干旱地区的旱地作物示范应用进而大面积推广应用，技术逐步达到成熟。但在水稻田节水灌溉自动化控制方面，起步较晚，尤其是田面水层精准自动控制方面研究较少。水稻田灌溉计量监控一体化技术是根据当前水稻种植“浅、湿、晒”科学控水节水种植原理，将自动化、信息化控制技术引用到田间，在水稻生长过程中，用测量传感装置精准全自动控制水稻田灌溉水层，实现田间无人巡值，自行灌溉管理控制，节约劳动时间，降低劳动强度，节约生产成本、提高农业生产管理效率，实现农业现代化。

6.3.1　水稻田量控一体化灌溉系统

研制开发的水稻田量控一体化灌溉系统，主要是为水稻田灌排水提供服务，它具有以下功能：

（1）实现水稻田种植科学的“浅、湿、晒”的节水灌溉模式。

（2）实现渠系闸门及田间分配水口门的自动控制。

（3）实现远程遥控、遥测。

（4）实现计量供水、总量控制、定额管理。

1. 系统硬件组成

水稻田量控一体化灌溉系统主要硬件包括：渠道量控一体化闸门、远程遥控抽排水泵、田间全自动灌排闸门以及田间水层遥测雷达。其中远程遥控抽排水泵和田间全自动灌排闸门起到控水的作用，田间水层遥测雷达具有量测的功能，而渠道量控一体化闸门既能控水又具有量水的双重功能。

（1）渠道量控一体化远程遥控闸门。根据某一灌溉区域水稻某一需水季的核定水量开闸放水时，基层水管人员用自己的手机以短信的形式向闸门通信及自动控制系统发送指令，闸门即自行开启至指定高程，闸门自行执行完毕后，自动将执行结果以短信的方式回复给水管人员。

渠道水位高度通过流速仪形成率定关系后，同时与闸门开度形成率定相关关系。水管人员根据水位流量/闸门开度的对应关系见表6－4，通过手机指令闸门开启相应高程，即可实现量控一体化。

表6－4　　水位流量/闸门开度的对应关系

闸位高程/cm	渠道水位/cm	流量/(m^3/s)	闸位高程/cm	渠道水位/cm	流量/(m^3/s)
5	8.5	0.12	11	17.3	0.47
6	9	0.18	12	18	0.52
7	11.5	0.25	13	19.2	0.55
8	13	0.32	14	20.3	0.6
9	15	0.36	15	21.5	0.68
10	16	0.41			

渠道闸门水流量通过放水时间核定，一旦时间到点，管理人员通过手机即刻关闭此段闸门，按排序进行下段控制灌溉管理。

（2）远程遥控抽排水泵。抽排水泵采用手机或者ZigBee模块实现远程无线遥控，主要是将无线智能通信遥控执行终端（设备手机）与相关水泵动力配电箱相匹配，实现自动接收指令、自动识别、自动运行，并将执行结果用短信反馈给设备管理者。

水稻种植管理者根据智能手段掌握的信息，针对田间水稻生长期“浅、湿、干”时段需要用水要求，进行灌溉或者排水。

（3）田间智能闸门。田间全自动灌排控水闸板是由现代数字化电子技术、自动化控制技术系统、电动机启闭机动力系统、玻璃钢或者不锈钢闸门框架结构、太阳能电源系统组合而成，与简易田间水层传感器（图6－25）配合使用，可以达到在无人条件下全自动启闭运行。另外，在田间全自动灌排控水闸板的控制系统中增加无线通信（ZigBee模块），可以在以计算机为中心组成的局域网内实现远程遥控启闭。

（4）田间水层精测雷达。田间水层精测雷达（图6－26）是采用非接触式（mm级）测量模式，装配有无线通信智能执行系统，分布安装在水田中典型位置，种植户采用便携移动式中央服务器（客户端APP）发出指令，田间无线通信执行终端控制水层雷达执行精准测量，并反馈测量数据到管理系统上。

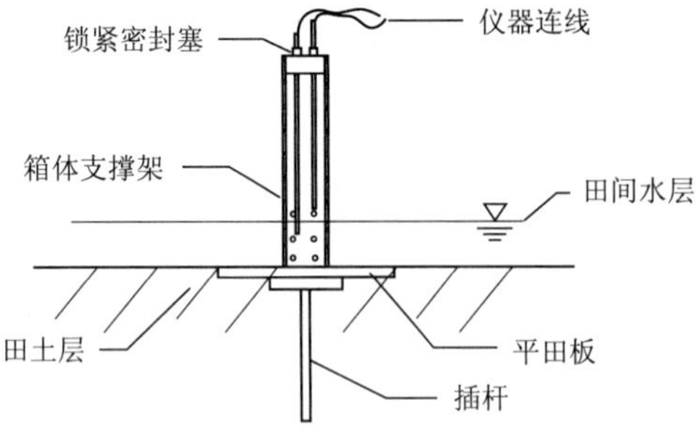

图 6-25　简易精准田间水层传感器

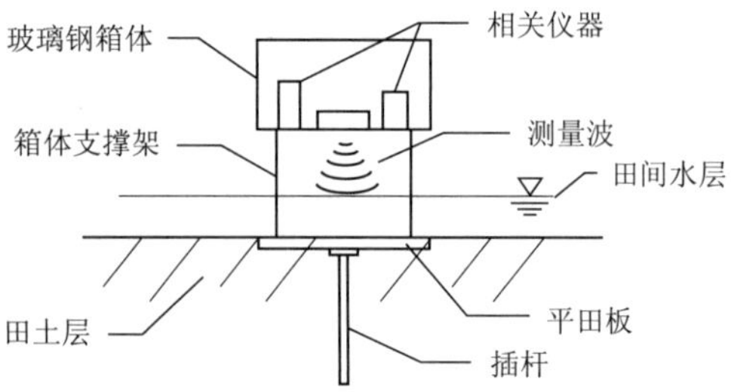

图 6-26　田间水层精测雷达

本系统将测量仪器、专制手机通信模块或者 ZigBee 无线通信模块电源集成在箱体内，简单方便地安插在水稻田中使用。利用雷达测水位，无盲区，精度高，不受压力变化、真空、温度变化、惰性气体、烟尘、蒸汽等环境影响，测量灵敏，刷新速度快，是目前比较精准的测量方式。

该系统一方面可有效支持水稻种植实行科学“浅、湿、晒”节水灌溉；另一方面可采用水田面积乘以水层实现水量认证，实现科学总量控制，定额管理。

2. 系统软件设计

(1) 系统管理。系统管理共分 4 个子系统：智能灌溉规则子系统、设备管理子系统、监控日志子系统和系统日志子系统。

1) 智能灌溉规则子系统的功能是设定灌溉制度，合理地进行水田的灌溉时间、灌溉频率、轮灌制度等的设置，可为系统全自动控制提供服务。

2) 设备管理子系统主要是完成对水泵，渠道进水、退水，渠与田之间进水、排水，田间水位精测等的开关控制。

3) 监控日志子系统主要是配合田间图片视频监测仪，将田间的干旱裂纹情况、水层情况、长势情况、病虫害情况、灌溉设施运行情况等照片或者视频传输至指令发出的智能手机上，并能查询历史视频记录。

4) 系统日志子系统主要功能是处理各种采集过来的数据，记录整个系统运行状况历史的，可以进行以往操作的查询和管理，以及调取数据资料等。

(2) 软件设计。水稻田精准节水灌溉全自动控制系统从功能可分为 4 大子系统，包括 5 个功能模块，分别是：自动化灌溉规则模块、控制设备模块、传感设备模块、监控视频模块以及指令日志模块。

1) 自动化灌溉规则模块。本模块可进行灌溉规则的制定，根据传统的灌溉经验，结合水稻“浅、湿、晒”的现代管理方式，制定科学合理的自动化灌溉规则，可为系统完全自动化灌溉提供支持。

2）控制设备模块。本模块实现6个进水闸门和一台遥控水泵的控制，控制操作方式为计算机远程遥控，需要工作人员通过该系统的图形界面直接控制泵站的启闭（其操作过程是以开泵为例说明），操作人员打开平板电脑，连接上局域网络，开启ZigBee通信，按钮先发送检测泵站启闭状态命令，若检测到泵站处于关闭状态，然后才真正发送开泵命令。为保证命令的可靠传输，命令以帧格式发送，带有纠错、检错字段保证命令的可靠传输，开闸成功后，图形界面指令日志里反馈设备是否开启的指令。

3）传感设备模块。本模块实现对6个田块田间水层的招测、数据采集和传输，根据精测的田间水层数据人工判断稻田是否还需要灌水，以此控制闸门的开闭。同时可根据精测到的水层数据乘以田块的面积计算田块灌溉的总水量，为科学的水稻田田间管理和用水定额计量提供保证。

4）监控视频模块。本模块是对田间视频监控起到管理控制的目的，通过田间的远程遥视将田间的干旱裂纹情况、水层情况、长势情况、病虫害情况、灌溉设施运行情况等照片或者视频传输至指令发出的智能手机上，并能查询历史视频记录，对田间作物管理和设备保护起到非常重要的作用。

5）指令日志模块。通过指令日志，用户可以实时了解发送指令的状态，以及设备的运行情况，为系统正常运行提供保障。

水稻田精准节水灌溉全自动控制系统是依据水稻种植过程中各个阶段的不同用水需求及相关用水调配的需求而设计的，从用户角度来看，系统的总体设计相当于系统的总控按钮，本系统功能性较强，而且界面设计简洁、美观，易学易操作。

（3）本系统软件的特点包括：

1）采用先进的量控一体化设计理念，结合实际情况，采用普通手机或平板电脑以及GPRS或ZigBee通信协议作为通信手段和通信平台，以发短信或指令的形式下达启闭命令，实现人机对话。

2）动力电源既考虑到有市电条件的应用，也考虑充分利用由太阳能、蓄电瓶供电系统支持各种功率电动机的闸门运行。

3）通过超声波传感器，实现对水位信息的实时监测，将数据以无线或有线方式传输到服务器上进行储存、统计、分析和决策。

4）根据作物的全生长周期的用水需求，通过控制系统，对各个闸门设备进行自动控制，调节水环境，给作物最适宜的生长条件。

6.3.2　水稻田量控一体化应用试验研究

项目组在 2017 年 6—10 月开展了水稻田量控一体化灌溉技术应用试验，根据试验结果从生态效益、经济效益、社会效益等方面研究分析水稻田量控一体化灌溉技术在项目区的适用性。

1. 试验区概况

试验区位于江苏省江阴市华士镇华西七村东北方向约 0.9km，东经 120°，北纬 31°。每块水稻田的规格为 10m×10m（图 6-27）。试验区属亚热带气候，雨量适中，具有寒暑变化显著、四季分明的特征，年平均气温为 13℃。由于受季风气候影响，降水充沛，年降水量 724～1210mm，其中 4—10 月平均温度在 10℃以上，最冷为 1 月，平均温度 2.5℃；最热为 7 月，平均温度 27.6℃。

图 6-27　项目区水稻田块位置图

2. 系统田间布局

根据项目区的实际情况进行水稻田量控一体化灌溉设备的配置和布设，确定灌溉系统的合理布局。

水稻田量控一体化灌溉系统整体平面布置如图 6-28 所示：进水渠道上下游分

别安装了1套渠道远程无线遥控闸门作为节制闸：节制闸1［图6－29(a)］和节制闸2［图6－29(b)］，用于调节渠道上游水位、控制下泄水，还可在渠道里没水或水量少时，通过控制关闭上下游节制闸，形成蓄水池，为水稻田灌溉提供水源；在6条水稻田块共计布置了6套水稻田节水灌溉系统：在每块水稻田进水口处，安装有1台田间自动控制闸板作为进水闸板［图6－29(c)］，可自动控制或远程控制水稻田灌水；在每块水稻田进水口位置附近安装了1台田间水位精测雷达［图6－29(d)］，根据测量得到的水稻田田间水位，反馈控制进水闸板的启闭，实现水稻田控制灌溉；在每块水稻田的出水口处，安装有1台田间自动控制闸板作为排水闸板，当田间水位高于设定水位时，自动开启进行排水，当水位达到设定水位时自动关闭。

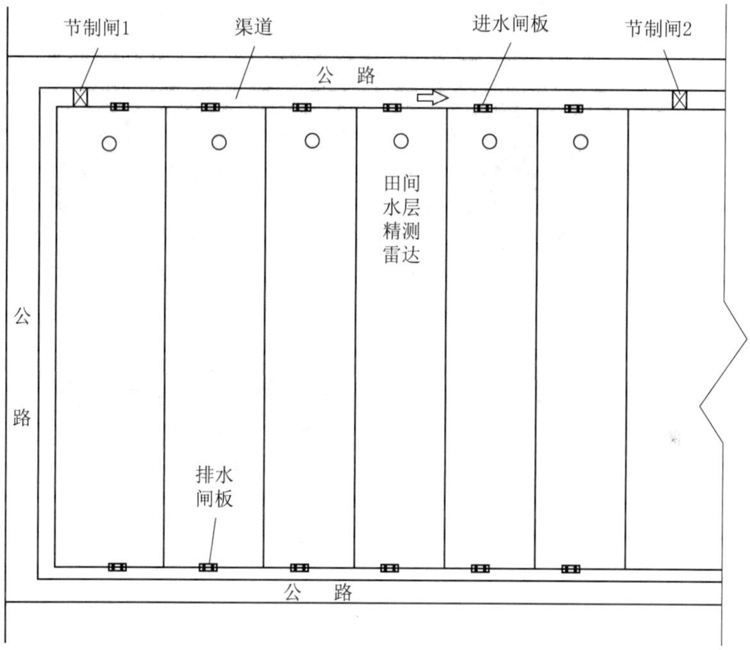

图6－28 水稻田量控一体化灌溉系统整体平面布置图

3. 试验设计

在育秧方式、插秧时间、密度、施肥等其他农业技术措施均相同的情况下，采用单因素试验。该试验选用浅湿灌溉、常规灌溉两种灌水技术处理。浅湿灌溉处理设置在由智能精准节水灌溉系统的6块水稻田，选取东边常规灌溉6块水稻田作为对照组，详见图6－30。

(1) 水稻浅湿灌溉是浅水与湿润反复交替、适时落干，浅湿干灵活调节的一种间歇灌排模式。操作要点如下：①浅水勤灌促返青、分蘖，水层深度5～30mm；②分蘖后期及时晒田，当茎蘖数达到有效穗数80%时，排干田面积水晒田7～10d，使耕

（a）节制闸1

（b）节制闸2

（c）进水闸板和田间水层精测雷达

（d）排水闸板

图 6-29　水稻田量控一体化设备

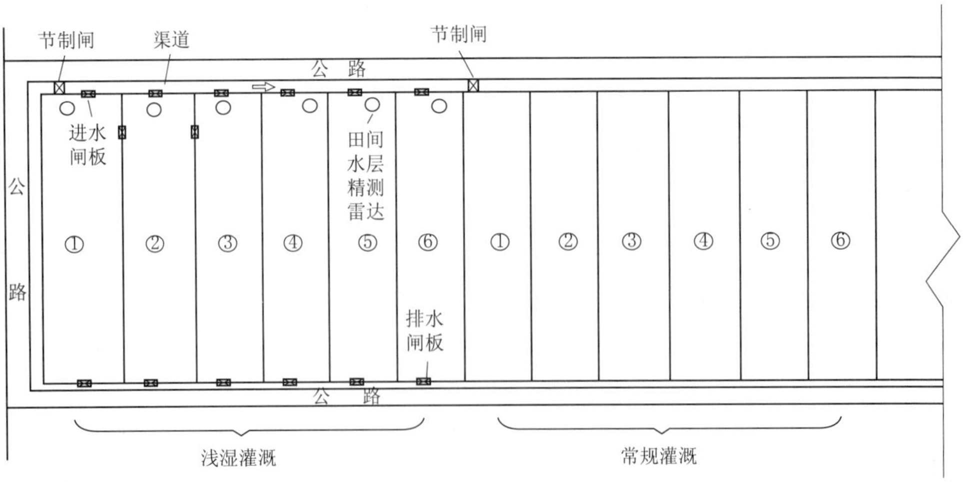

图 6-30　试验布置示意图

层土壤含水量不低于田持的 65%；③拔节孕穗期间歇灌，每次灌水后水层深 3cm，水层耗尽后 3～4d 再灌；④抽穗开花及乳熟期湿润灌溉，每次灌水水层深 2cm、水层耗尽后 3～4d 再灌；⑤黄熟期自然落干，遇雨排水（见图 6-31）。

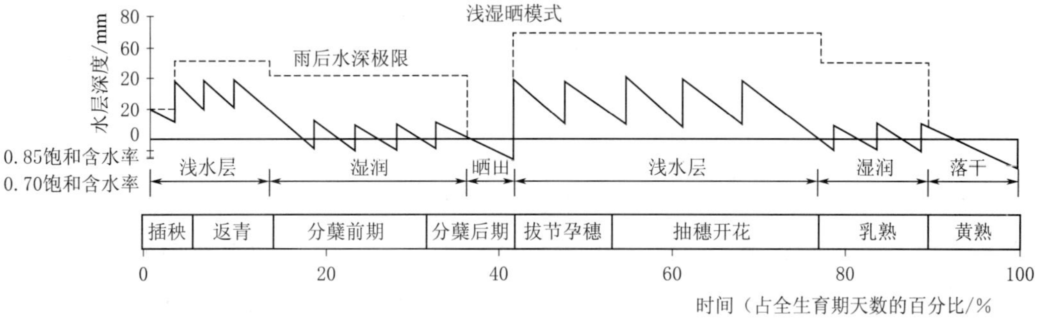

图 6-31　浅湿灌溉田间水分状态及其控制标准示意图

（2）常规灌溉（对照组）。以深水层为主，中期晒田。

4. 测定内容

本次试验主要观测灌水量和水稻的产量。

（1）灌水量测定：通过田间水层精测雷达，记录每次灌水后水层深度，并根据日降雨量，根据水量平衡原理，计算得到灌溉总水量。

（2）产量测定：试验完成后分别将浅湿灌溉处理以及常规灌溉处理的水稻田产量进行测定，分别记录总产量。

5. 试验结果

根据华士站测得的降雨量数据，生育期内降雨量共计 1686.4mm，其中单日最大降雨量为 2017 年 6 月 27 日的 372.3mm（见图 6-32）。

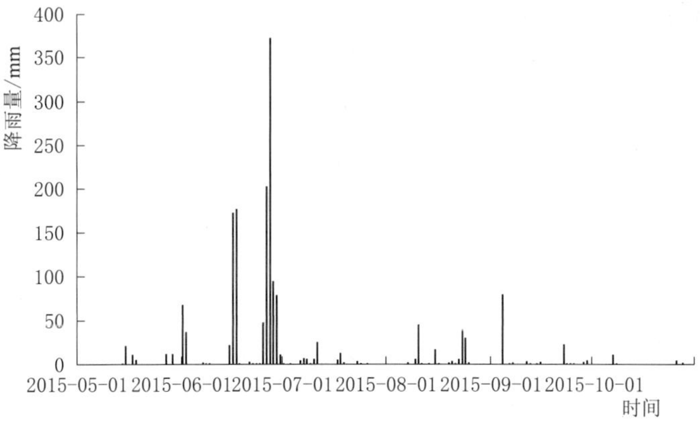

图 6-32　生育期内试验区的日降雨量

两种处理各生育阶段的灌水量见表 6-5。经计算，浅湿灌溉处理的亩均灌水量为 314.6m^3/亩，而采用常规灌溉的对照区的亩均灌水量为 484.8m^3/亩。相比较常规灌溉，浅湿灌溉处理的亩均灌水量减少了 35.1%，根据方差分析，两者之间具有显著差异性（$p<0.05$）。

表 6-5　两种处理的灌水量比较　单位：mm

处　理	返青	分蘖	孕穗	抽穗	乳熟
常规灌溉	108.5	191	173	81.5	173.2
浅湿灌溉	43.7	88	54	46.4	147.8

两种处理的产量见表 6-6。经计算，浅湿灌溉处理的亩均产量为 572.8kg/亩，而采用常规灌溉的对照区的亩均灌水量为 553.4kg/亩。相比较常规灌溉，浅湿灌溉处理的水稻亩均产量增加了 3.4%，根据方差分析，两者之间的差异性不显著（$p<0.05$）。

表 6-6　两种处理的水稻产量比较　单位：kg/亩

处　理	田块①	田块②	田块③	田块④	田块⑤	田块⑥	平均产量
常规灌溉	559.4	554.2	557.4	552.1	548.3	549.2	553.4
浅湿灌溉	582.2	576.3	573.2	565.4	571.5	568.4	572.8

两种处理的水分生产率见图 6-33。经计算，浅湿灌溉处理和常规灌溉处理的水分生产率分别为 1.82kg/m^3、1.14kg/m^3。相比较常规灌溉，浅湿灌溉处理的水分生产率增加了 59.5%，根据方差分析，两者之间具有显著差异性（$p<0.05$）。

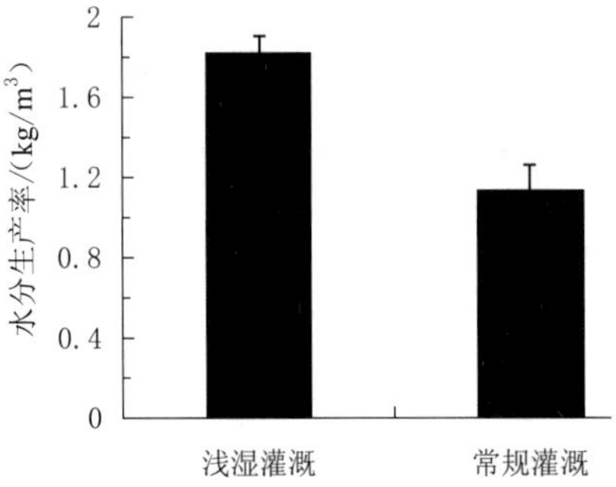

图 6-33　两种处理的水分生产率比较

6. 适用性分析

本试验根据水稻种植“浅、湿、晒”科学控水节水种植原理，利用水稻田量控一体化灌溉技术，实现了水稻田的节水灌溉，显著减少了灌溉水量、提高了水分生产率。而且在试验过程中，利用水稻田量控一体化灌溉技术的浅湿灌溉处理，不需要人工去现场灌水和排水，大大节省了劳动力（图 6-34）。

根据许多学者的研究结果表明，采用节水灌溉模式，可显著地减轻稻田水土环境污染，特别是减轻氮、磷污染，提高土壤透气性，增加土壤含氧量，大幅度地增加好气微生物含量，减轻土壤有毒物质积累，提高田间昼夜气温差，降低田间空气湿度，减轻病虫害。这些都是有利于农业可持续发展与人们生活的正面环境影响。

图 6-34 试验区现场

水稻田量控一体化灌溉技术应用的前期投资相对较高，目前测算下来，亩均投资约为 5000 元，但考虑现阶段属于试验研制阶段，如能够规模化推广应用，设备成本可以大幅度降低。而且在运行保障较好的条件下，设备使用年限较长，加之试验区人工成本较高，从长期来看，具有一定的经济效益。

综上所述，水稻田量控一体化灌溉技术在项目区具有一定的适用性，适宜规模化推广应用。

6.3.3 水稻田量控一体化应用模式研究

本节因地制宜探索总结了 3 种水稻田量控一体化灌溉技术应用模式。

1. 水稻田并联控制灌排模式

（1）系统布置。水稻田并联控制灌排系统的布置详见图 6-35。

1）渠道设备布置：在农渠布置 2 套渠道远程无线遥控闸门，1 套作为分水闸，用于从斗渠取水；1 套作为节制闸，用于调节农渠上游水位、控制下泄水，还可在渠道里没水或水量少时，通过控制关闭上下游节制闸，形成蓄水池，为水稻田灌溉提供水源。

2）田间设备布置：在每块水稻田进水口处，安装有 1 台远程遥控进水闸板，可自动控制或远程控制水稻田灌水；在每块水稻田进水口位置附近安装了 1 台田间水位

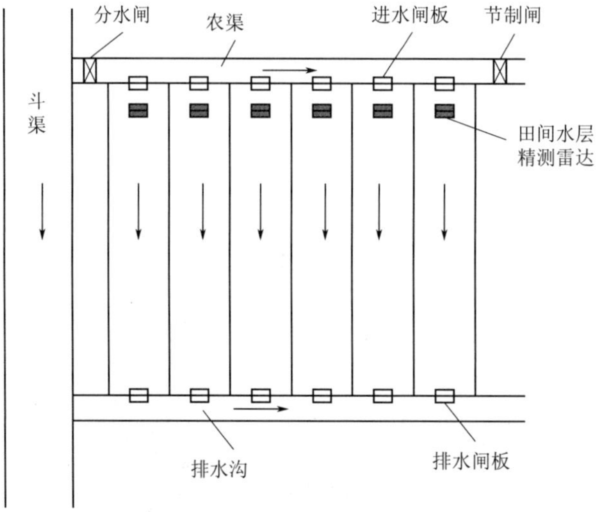

图 6-35　水稻田并联控制灌排系统布置

精测雷达，根据测量得到的水稻田田间水位，反馈控制进水闸板的启闭，实现水稻田控制灌溉；在每块水稻田的出水口处，安装有 1 台全自动排水闸板，当田间水位高于设定水位时，自动开启进行排水，当水位达到设定水位时自动关闭。

（2）系统运行。

1）水源：当灌溉季节到来时，通过控制端应用程序向分水闸发送开启指令，打开分水闸，水流入农渠，农渠水位抬高，为水稻田灌溉提供水源。

2）灌溉：此时水稻田的田间水层深度若低于控制水层深度，由田间水层精测雷达反馈给进水闸板，进水闸板自动开启，水流入水稻田间；当灌溉至设定的田间控制水层深度，由田间水层精测雷达反馈给进水闸板，进水闸板自动关闭。

3）排水：如果遇到降雨或其他水源流入水稻田，导致水稻田的水层深度超过设定的控制水层深度，则由田间水层精测雷达反馈给排水闸板，排水闸板自动开启，水流入排水沟；当排水至设定的田间控制水层深度，由田间水层精测雷达反馈给排水闸板，排水闸板自动关闭。

（3）模式特点。水稻田并联控制灌排模式的特点是：各块水稻田的灌溉或排水控制是独立的，不受其他水稻田的影响，方便用户管理；由于控制面积小，灌溉或排水完成时间较短；由于每块水稻田都要布置进水闸板、排水闸板和田间水层精测雷达，因此投资成本相对较高。

2. 水稻田串联控制灌排模式

（1）系统布置。水稻田串联控制灌排系统的布置详见图 6-36。

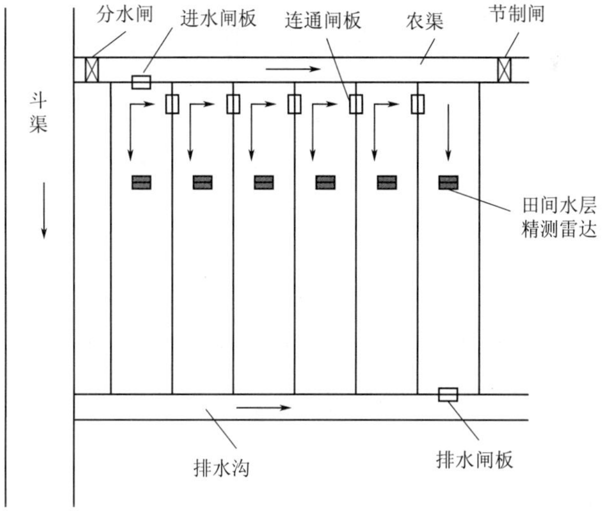

图 6-36 水稻田串联控制灌排系统布置图

1）渠道设备布置：与水稻田并联控制灌排模式布置相同。

2）田间设备布置：在离分水闸最近的水稻田进水口处，安装 1 台田间自动控制闸板作为进水闸板，可自动控制或远程控制水稻田灌水；在相邻两块水稻田的田埂上布设 1 台田间自动控制闸板，控制相邻两块水稻田的连通，即作为上一块水稻田的排水闸板，又作为下一块水稻田的进水闸板；在最后一块水稻田的出水口处，安装 1 台田间自动控制闸板，控制与排水沟的连通，当田间水位高于设定水位时，自动开启进行排水，当水位达到设定水位时自动关闭。

（2）系统运行。

1）水源：当灌溉季节到来时，通过控制端应用程序向分水闸发送开启指令，打开分水闸，水流入农渠，农渠水位抬高，为水稻田灌溉提供水源。

2）灌溉：此时串联模式下的所有水稻田块的田间水层深度都低于控制水层深度，由田间水层精测雷达反馈给进水闸板和连通闸板，进水闸板和连通闸板都自动开启，水流入水稻田间；当最后一块水稻田灌溉至设定的田间控制水层深度，由田间水层精测雷达反馈给连通闸板，连通闸板自动关闭，水稻田块按照由后往前的顺序依次灌溉至设定的田间控制水层深度，最终由田间水层精测雷达反馈给进水闸板，进水闸板自动关闭，灌溉结束。

3）排水：如果遇到降雨或其他水源流入水稻田，导致其中任意一块水稻田 X 的水层深度超过设定的控制水层深度，则由田间水层精测雷达反馈给布设在与相邻下

一块水稻田 $X+1$ 之间田埂的连通闸板 X，连通闸板 X 自动开启，水流入下一块水稻田 $X+1$，当排水至设定的田间控制水层深度，由田间水层精测雷达分别反馈给连通闸板 X 和连通闸板 $X+1$，连通闸板 X 自动关闭，连通闸板 $X+1$ 自动开启，多余的水由水稻田 $X+1$ 排入水稻田 $X+2$，依次排入到最后一块水稻田，最终由田间水层精测雷达反馈给排水闸板，多余的是排入排水沟，当排水至设定的田间控制水层深度，由田间水层精测雷达反馈给排水闸板，排水闸板自动关闭，排水结束。

（3）模式特点。水稻田串联控制灌排模式的特点是：各块水稻田的灌溉或排水控制是相互联系的，受串联组中其他水稻田的影响；由于控制面积大，灌溉或排水完成时间相对较长；相比水稻田并联控制灌排模式，由于减少了田间自动控制闸板的布设数量，因此投资成本相对降低。

3. 水稻田混合控制灌排模式

（1）系统布置。水稻田混合控制灌排系统的布置详见图6-37。

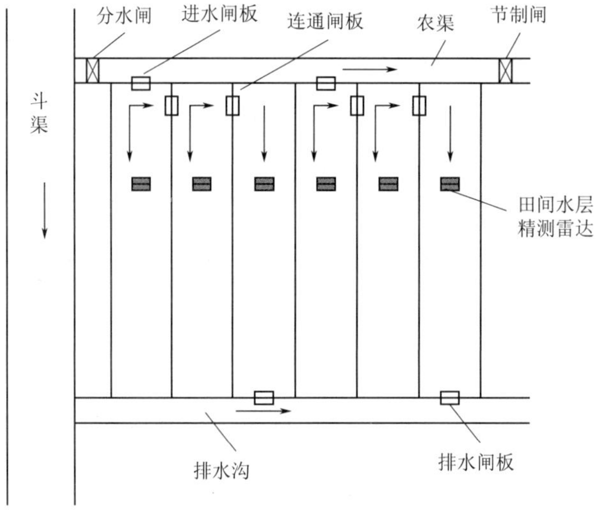

图6-37　水稻田混合控制灌排系统布置图

1）渠道设备布置：与上述两种灌排模式布置相同。

2）田间设备布置：与水稻田串联控制灌排系统的田间布置基本相同，只不过减少了水稻田串联的田块数量，增加了水稻田串联组的数量，各水稻田串联组之间是相互独立的。

（2）系统运行。

1）水源：当灌溉季节到来时，通过控制端应用程序向分水闸发送开启指令，打开分水闸，水流入农渠，农渠水位抬高，为水稻田灌溉提供水源。

2）灌溉和排水：各个水稻田串联组的灌溉和排水过程与水稻田串联控制灌排模式相同，水稻田串联组。

（3）模式特点。水稻田混合控制灌排模式是水稻田并联控制灌排模式和水稻田串联控制灌排模式的结合，具备了两种模式的特点，投资成本在两者之间，但更为灵活和机动。

第7章 >>

案例分析：井灌区用水计量监控一体化管理模式

7.1 井灌区用水计量监控和管理需求分析

井灌区作为稳产高产田，是我国粮食生产的骨干基地，为粮食产量稳步增长起到了重要的支撑和保障作用，在保证农业灌溉、支持经济社会发展和维护生态平衡等方面发挥着重要作用。农业用水管理是我国实施最严格水资源管理制度的重要内容，井灌区用水监控作为一项基础性工作，是开展农业用水管理工作的重要内容，可为农业用水的最严格水资源管理提供基础数据和技术支持。因此，井灌区用水监控工作受到了广泛关注。国外已广泛开展渠系自动化与用水管理技术的研究，一批适用于渠道和管道输配水的自动化集成化量水仪表相继问世，借助现代信息管理技术，对灌区用水管理系统进行改善利用自动化和遥测技术控制渠系运行，构建集信息采集—处理—决策—信息反馈—监控为一体的灌区用水信息调度系统，实现了水资源的合理配置和灌溉系统的优化调度。国内也十分重视井灌区用水调配模型和软件的研究，建立了多种以灌溉为主的用水管理调度模型，开发出相应的灌溉预报与用水调配软件及决策支持系统，并结合国情对量水技术与产品进行了研发，使灌溉用水管理朝着信息化高效化的方向发展。

就井灌区灌溉水资源利用管理制度而言，灌溉水资源稀缺性的提高，致使水资源价值的递增，同时灌溉节水技术的应用使个别用水农户可以调整自己取水权的存量，这一系列因素的变化诱发了改变水资源产权制度结构的动机，水资源竞争利用制度的加剧，打破了原有制度框架内各行为主体的利益结构，因此，需要进行制度创新来应对各行为主体所面临用水环境的变化，以农业节水为目标，进行精准计量和监控，协调用水冲突，提高用水效率，实现井灌区灌溉水资源优化配置的目标。

但目前还缺乏简便实用、通用性强的井灌区用水管理优化模型与软件以及量水设备有待将灌区用水管理、优化调度决策、动态配水模型与量测手段及数据通信方法进行集成，形成成套的相关技术产品系统。目前，水行政主管部门对大中型灌区水位、流量等要素已普遍进行监测，形成了一定规模的监测网，收集积累了大量资料，在水资源管理和合理开发利用灌区水资源等方面发挥着重要作用。而且，我国对井灌区信息化相关技术的研究越来越重视，在技术人员和财力上都增大了力度。在硬件研究方面，重点开展水位、流量等传感器的研制。在软件研究方面，重点研究灌区用水管理信息化应用软件和用水管理数据库。

科学的井灌区计量和监控管理模式可以内化外部性，降低交易成本，降低经济活动的不确定性，增加产权主体对未来收益的合理预期，提高信息的完备性，具有激励作用。

科学的井灌区计量和监控管理模式对水资源配置效率的影响。科学的井灌区计量和监控管理模式可以为明确界定资源的所有权和取使用权提供手段。通过明晰灌溉水权，清晰地界定各行为主体使用资源的权利与义务，可以解决水资源使用的外部性与“搭便车”现象，实现水资源使用的优化配置。

科学的井灌区计量和监控管理模式对生态环境以及水资源的可持续利用的影响。水资源具有“公共池塘”资源特性，容易产生水资源“人人都用，无人节水”的现象，农业是一个高耗水的产业，无节水措施势必造成用水效率低下，造成水资源的过度利用，恶化生态环境。有学者指出，主要集中在华北地区井灌区由于农业用水需求量大，致使这些地区地下水位持续下降，每年下降达0.5～3m，不但使大量机井报废，还引起地面下降、海水倒灌等一系列生态问题，水资源的可持续利用更是无从谈起。如果能够科学的对井灌区农业用水进行计量和监控管理，约束农户的过度用水现象，激励其采取有效的节水措施，由水资源相对短缺造成的生态环境恶化以及水资源可持续利用等问题就可以得到有效解决。

科学的井灌区计量和监控管理模式对农户节水激励作用的影响。在缺乏科学的农业用水计量和监控管理模式下，农户没有任何动力采取措施进行节水灌溉，农户对经济效益、经济价值更高的用水决策缺乏动力，也没有足够的诱因促使农户搜集效率更高的用水决策信息。

科学的井灌区计量和监控管理模式对灌溉工程设施建设投资的影响。农户用水必须要借助相应的取水设施。如果没有基于科学的计量监控管理模式的灌溉取水权清晰界定，农户不会选择自己投资修建取水、输水设施，同时也没有积极性维护设施，因为如果自己进行投资修建，其他人可以免费“搭便车”，侵害了设施修建者的利益。

如果科学的对井灌区农业用水进行计量和监控管理，同一灌区的农户根据居住地的自然特征可以通过自愿协商成立灌溉用水合作组织例如农业用水者协会，制定一定的规则，约束每位农户的行为，保证组织权益不受到侵害，灌溉用水合作组织的成立提高了每位农户的用水预期收益，使农户有积极性投资或与其他农户合作建设以及管护灌溉工程设施。

一些井灌区通过节水改造，完善了用水计量设施，在用水监控工作方面取得了较好的工作成效，但是总体上我国井灌区用水监控仍存在一些问题。

（1）井灌区用水监控基础设施建设薄弱，监测手段落后。目前，我国在农业方面普遍缺少灌溉计量设施，尤其缺少井灌区观测设施，根本无法对用水户的用水量进行实时监控。大部分井灌区监测手段相对落后，主要依靠“读表、抄数、上报”的方式实行用水管理，存在着计量结果精度低、信息传输不及时、时效性差等不足，影响了井灌区监测资料质量。大部分井灌区用水计量设施后期维护不受重视，缺乏资金投入后劲不足，导致用水计量设施的使用年限降低，或在受到损坏时不能得到及时有效维护，从而影响井灌区的用水监控工作。用水计量是实现井灌区用水效率有效监控的基础，用水计量设施不完善、计量不准，对井灌区用水效率进行有效监控就缺少了最基本支撑。因此，需进一步加强井灌区用水监控基础设施建设，完善用水计量设施，改进用水监测手段。进行深度挖掘，结合灌溉预报、土壤墒情、地下水位等数据进行灌溉预报发布，更好地服务于农田水利。

（2）井灌区信息化水平较低，井灌区管理人员信息化认识和技术水平亟须提高。对于井灌区来说，用水信息是井灌区优化配水的基础，井灌区传统的用水计量方法对用水信息采集的时效性和精确性都较差，无法做到及时计量、准确计量、合理配水，不能满足“计划用水、定额供水、按方收费、超量加价”的要求，各级主管部门难以及时准确地全面了解井灌区用水状况。部分井灌区也尝试进行信息化方面的建设，但由于井灌区管理人员信息化技术水平差，使得建成的信息系统使用难、管理维护更难，无法充分发挥已建系统的作用，不能保障新老系统共同运行，不仅没有减轻反而加重了井灌区工作人员的负担。时间久了，已建系统逐渐老化、落后，系统因无法进行更新改造逐渐被淘汰，井灌区管理又恢复到原来的状况。井灌区人员工作分工调整比较常见，造成基层管理人员调整后对业务不够熟练。而且现有专业人员由于缺乏必要的培训，导致知识更新慢、专业素质低，难以适应现代水利发展的需要，使得监控管理基础数据采集容易出现问题，不能保障数据采集准确、规范。

（3）井灌区用水监控管理制度不健全，用水监控缺乏制度保障。目前，大多数井灌区对用水计量数据统计、用水监控责任和用水效率考核管理等方面没有形成健全的管理制度，导致井灌区用水监控管理存在混乱和无序，从而影响了井灌区用水监测资料质量，影响井灌区水资源决策判断、优化配置和合理利用。健全井灌区用水监控管理制度，可加强井灌区用水计量管理和规范用水费用收取标准，从而为建立和规范井灌区用水秩序提供保障。

7.2 井灌区计量监控一体化的农业用水管理系统

开发了形成“采集—传输—处理—反馈—控制”的计量监控一体化决策分析调控系统，可实施科学的井灌区农田水分管理：依据信息熵原理，进行井灌区节水灌溉农田中土壤大孔隙空间结构分布的不确定性分析，在此基础上建立井灌区农田非饱和土壤水分特征曲线和土壤水力传导度模型；通过田间计量与监控，对作物生长特性、产量信息进行定量化分析，为井灌区作物农业用水精准管理提供了手段和方法。

井灌区农业用水计量监控一体化控制系统构成主要包括：机井智能测控终端、信息采集与处理、数据库、知识库、决策管理和工程控制。

该系统使用界面如下，打开 EXE 应用程序后可看到如图 7－1 所示界面，菜单栏

图 7－1 基于计量监控一体化的农业用水高效管理决策支持系统界面

主要包括信息查询、信息采集与处理、数据库、知识库、决策管理和工程控制几个模块。

7.2.1　系统说明

对本系统的技术特点，用途等加以说明，见图7-2。

图7-2　基于计量监控一体化的农业用水高效管理决策支持系统说明

7.2.2　系统参数设置

在该系统界面上点击鼠标右键，可对该系统的参数根据自身需要进行设计，主要包含有通讯参数、传感器参数、系统时间和系统维护（系统复位：恢复原系统参数；读下位机时钟：保证上、下位机时钟一致）几部分，见图7-3、图7-4。

7.2.3　数据通信

主要使用数据采集功能，与地面相接，根据预览图像调整需要采集的区域，并且通过与之相连的农田内部传感器读出土壤水吸力、管道压力、太阳辐射、近地面风速、空气温度、流量、雨量等农田土壤参数，见图7-5。

图 7-3 基于计量监控一体化的农业用水高效管理决策支持系统登录

图 7-4 基于计量监控一体化的农业用水高效管理决策支持系统系统参数（一）

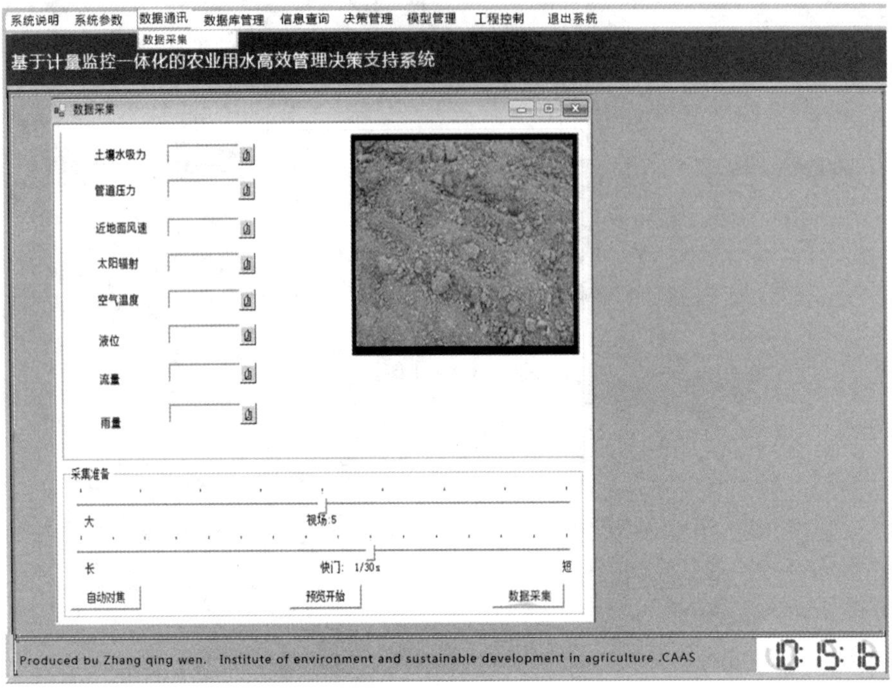

图 7-5　基于计量监控一体化的农业用水高效管理决策支持系统系统参数（二）

7.2.4　数据库管理

数据库主要包括基本数据库和实时数据库。

基本数据库是存储相对稳定即随时空变化不大的数据，主要包括：作物信息表（种植品种、种植时间、种植面积、耕作裁增措施、灌水方法、生长周期等）；土壤信息表（地形坡度、土壤类型、土壤结构、耕作层深度等）；传感器信息表（传感器型号、精度、分辨率、测量范围，输出信号类型等）；水泵信息表（水泵型号、扬程、流量、转速、额定功率等）；灌溉指标信息表（植物品种、生长期、水吸力上限，水吸力下限，适宜地下水位埋深，计划湿润层深度等）。

实时数据库包括农田水分状况信息表（时间、土壤水吸力、地下水位埋深、土壤含盐量、土壤水溶氧量、土壤含氮量等）；气象信息表（时间、温度、湿度、大气压、日照时数、太阳净辐射量、近地面风速、降雨量等）和水量信息表（灌溉时间、农田灌水水量、机井水量信息等）。

机井水量信息由自动计量流量计、GPRS 无线模块及软件系统组成。其具体功能如下：识别非接触 IC 卡，在监控终端对用户卡通过密码进行安全认证后，方能开泵取水；具有电量计量功能，计量水泵电机的耗电量，并能从用户取水卡中扣除用电量，用户卡中用电量小于设定值时自动停泵；具有接入水表计量的功能，计量用户用水量，并能从用户取水卡中扣除用水量，用户卡中用水量小于设定值时自动停泵；具有数据存储功能，存储最近千条用户刷卡记录，包括卡号、开始用电时间、结束用电时间、本次用电量、剩余电量、本次用水量，剩余水量等信息，满记录后自动覆盖最早的用户用水记录，不因断电而丢失；具有控制机井开采量的功能，当本年的累计用水量达到报警值时，将自动上传报警状态；当本年累计用水量超过了可开采量时，监控终端将跳闸断电；具有保护水泵的功能，当线路缺相、电机过载时，IC卡智能控制器自动跳闸断电，停止向负载供电；当监测到水泵运行且监测不到水量、电量信号时，监控终端自动跳闸断电，停止向负载供电；具有自动排队用水功能，当有用户已刷卡但不使用机井取水时，其他用户再刷卡，可挂起当前用户，不丢失数据，不影响其他用户使用。具有无线通信功能，能将用户用水记录数据直接上传至区县管理中心平台，支持自动定时上报和随机精测功能，并支持远程直接遥控，实现禁止超采机井取水的管理功能。

以基本数据库中的灌溉指标信息表为例，其余信息表类似，展示如图7-6所示。

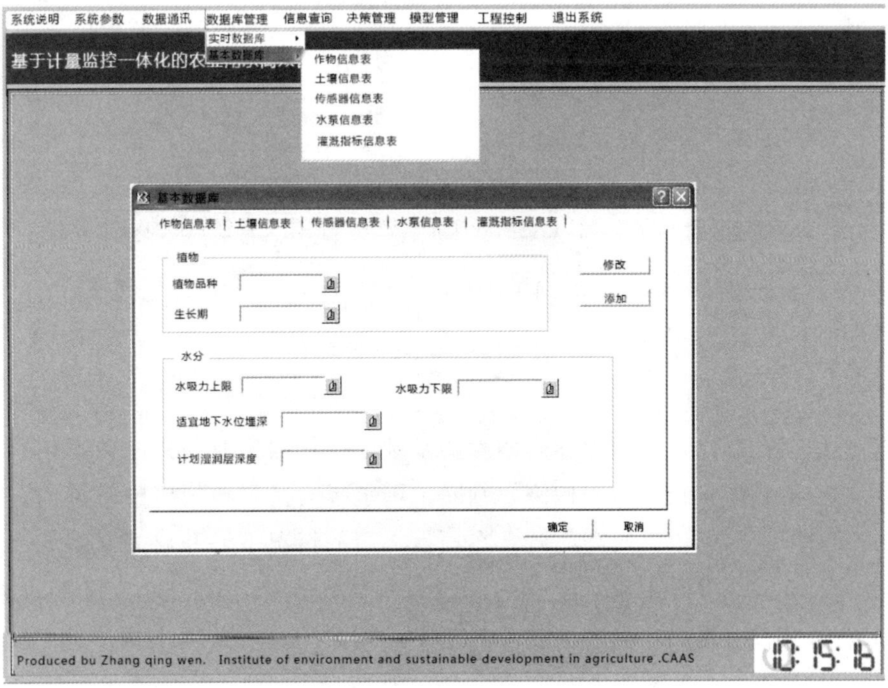

图7-6 基于计量监控一体化的农业用水高效管理决策支持系统数据库管理

7.2.5　信息查询

以数据库、知识库、模型库、中间数据和结果数据为信息源，用户可按照单一条件如按时间段、按时间点、按田块、按作物、按设备等来查询，也可按照组合条件来查询数据信息。从而实现任意条件下的信息查询，见图 7-7。

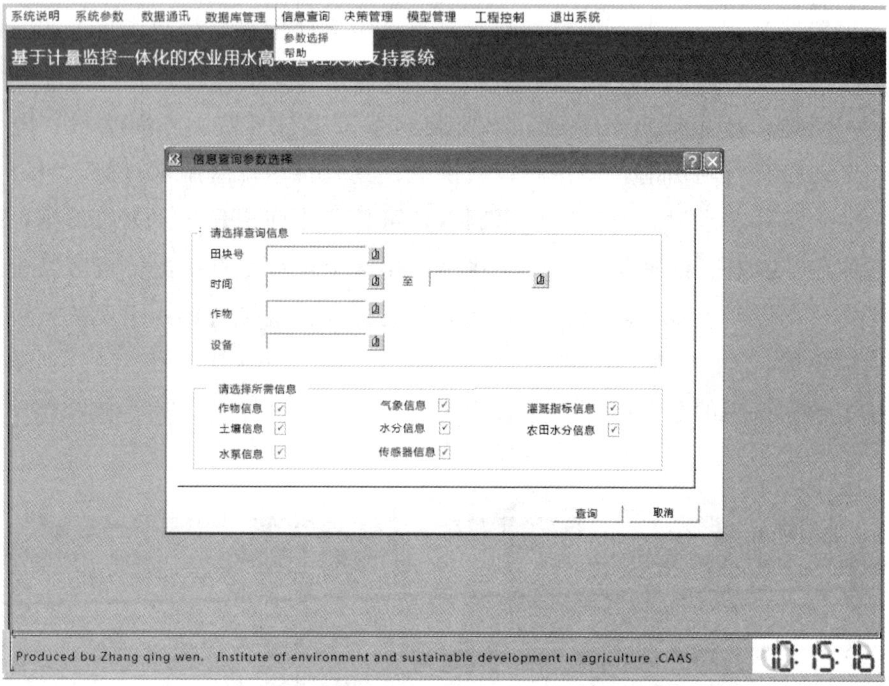

图 7-7　基于计量监控一体化的农业用水高效管理决策支持系统信息查询界面

如查询一单元 2016 年 8 月 9—10 日时间段的玉米地的信息，见图 7-8。

7.2.6　决策管理

该模块是在数据库、知识库和模型库的基础上，依据实时采集的数据信息，对各灌溉单元进行定时间步长的巡回检测，判断土壤水吸力是否在规定的范围内。若水吸力超出水吸力下限，则该田块需灌溉，在预报无雨的情况下，开启灌溉系统；当处于灌溉状态时，要检测灌溉水量有没有达到预报所需的水量，在超过预报量的情况下，再判断水吸力有没有超出水吸力上限，如超出，则关闭灌溉系统，同时记下水量；如未超出，则需检测灌溉系统是否已出现故障（如管道是否漏水）。该子系统也可在人工干预的情况下，实时地对灌溉单元进行分析决策，确定下一次灌溉时间。

决策参数由自己根据实际情况设置，主要包括水吸力上限、水吸力下限、是否记录灌溉水量、是否检测管道漏水情况等，见图 7-9。

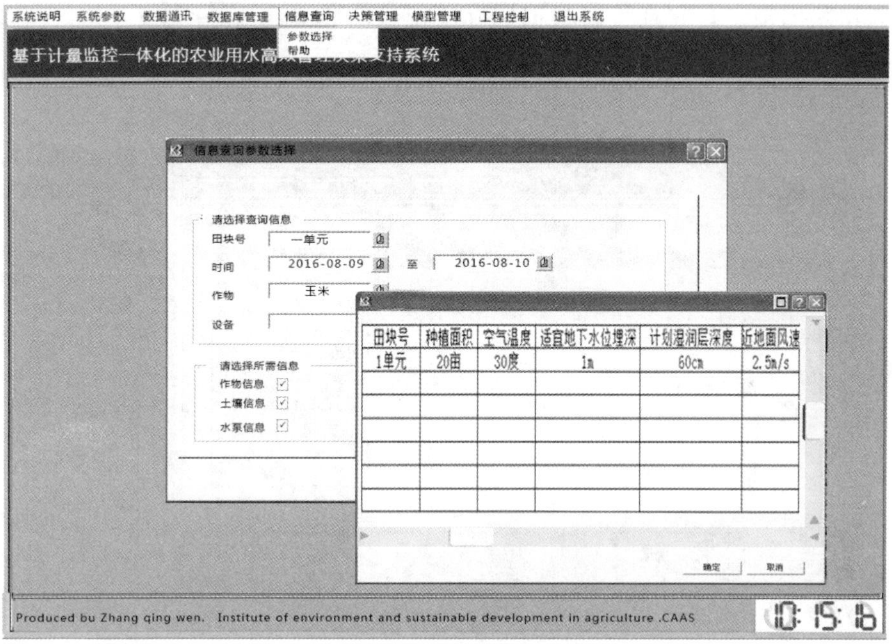

图 7-8 基于计量监控一体化的农业用水高效管理决策支持系统信息查询界面信息输入

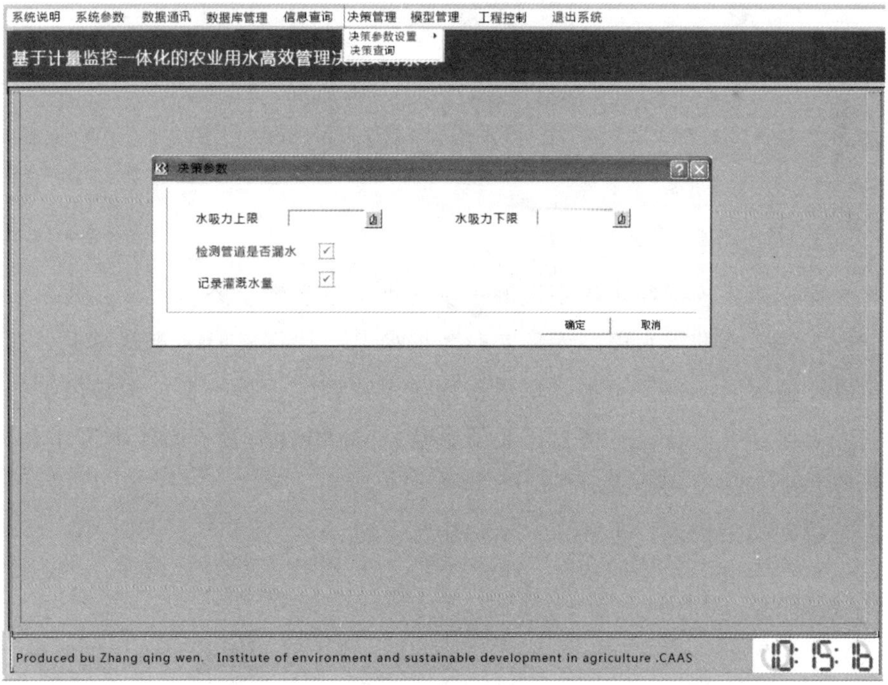

图 7-9 基于计量监控一体化的农业用水高效管理决策支持系统决策管理模块

决策查询模块：用户根绝自身需要，查询某个田块某个时间段的灌溉决策，也可查看所有田块的信息，并且可以根据实际情况人为地调整某些决策，使之更加合理，见图 7－10。

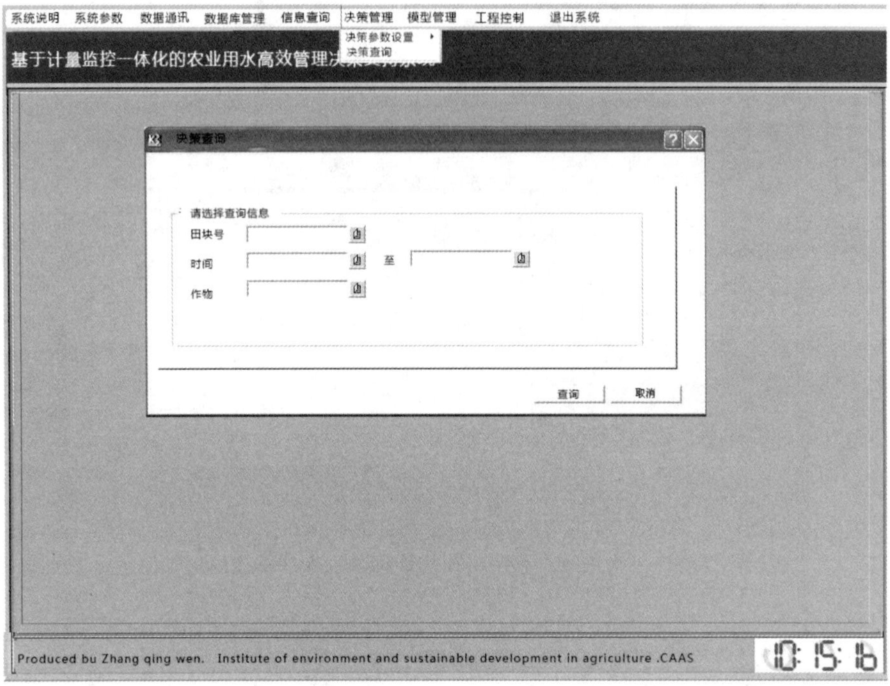

图 7－10　基于计量监控一体化的农业用水高效管理决策支持系统决策查询

如查询二单元 2016 年 11 月 20—22 日时间段内的小麦灌溉决策，见图 7－11。

7.2.7　模型管理

历时数据模型：根据往年该地区的土壤、气象以及灌溉资料，按月或日进行统计分析，形成有关作物的需水模型库。实时数据模型：根据实时采集的数据，对作物的需水量，以及灌水时间进行预报，形成作物需水和灌水预报模型。两种模型均包括模型参数（可用保存的参数，也可自己设置参数）、曲线绘制（绘制作物需水曲线）、作物需水预报和灌水预报四个部分。

以实时数据模型为例，见图 7－12、图 7－13。

7.2.8　工程控制

为方便用户进行数据采集和控制，该子系统把信息查询、数据采集和数据发送（控制）集成到工程控制图上，见图 7－14。在控制界面中，用户可以根据提示，通

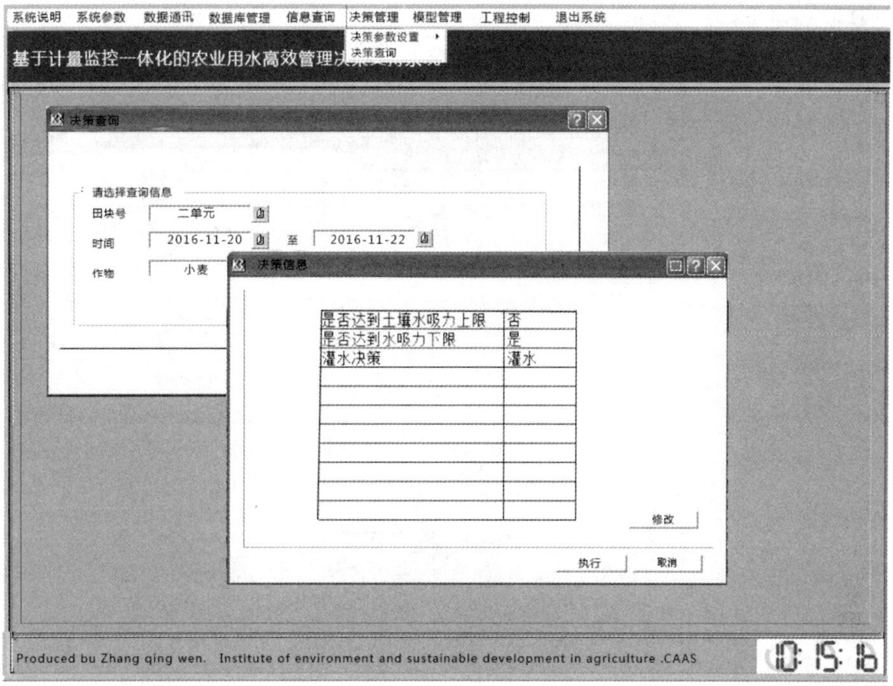

图 7-11　基于计量监控一体化的农业用水高效管理决策支持系统决策查询信息

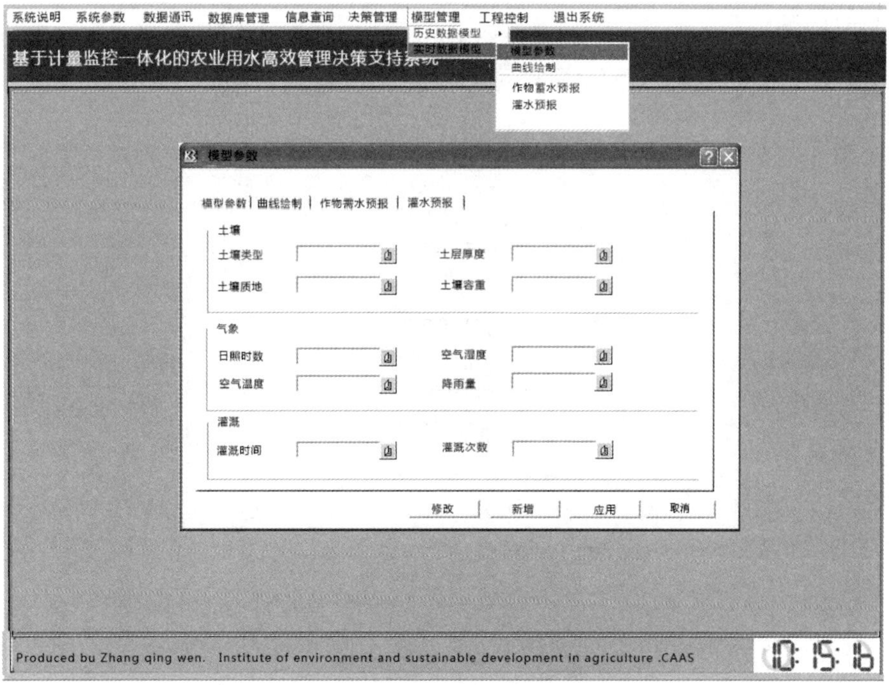

图 7-12　基于计量监控一体化的农业用水高效管理决策支持系统模型管理

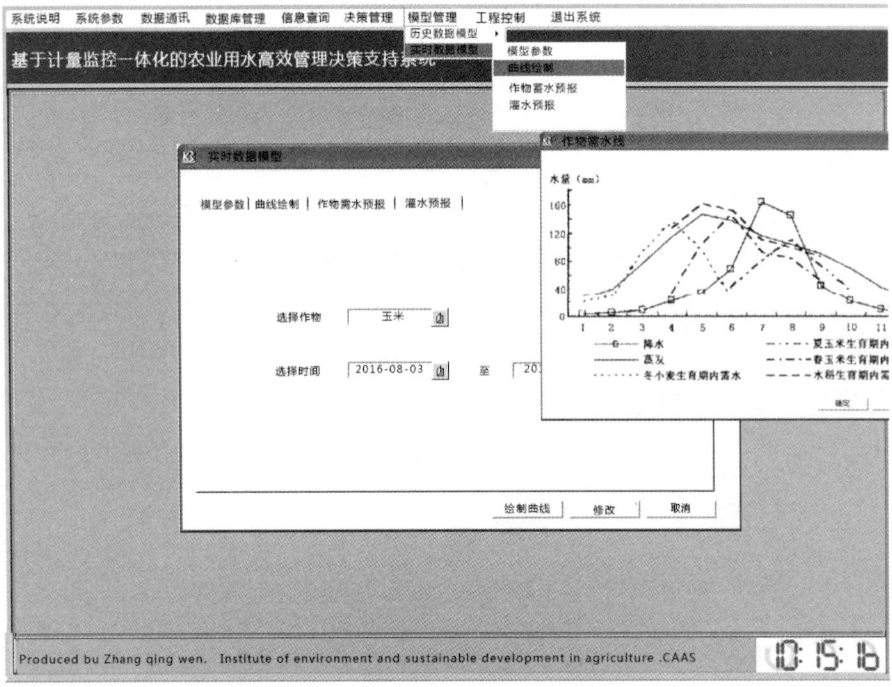

图 7－13　基于计量监控一体化的农业用水高效管理决策支持系统模型管理信息

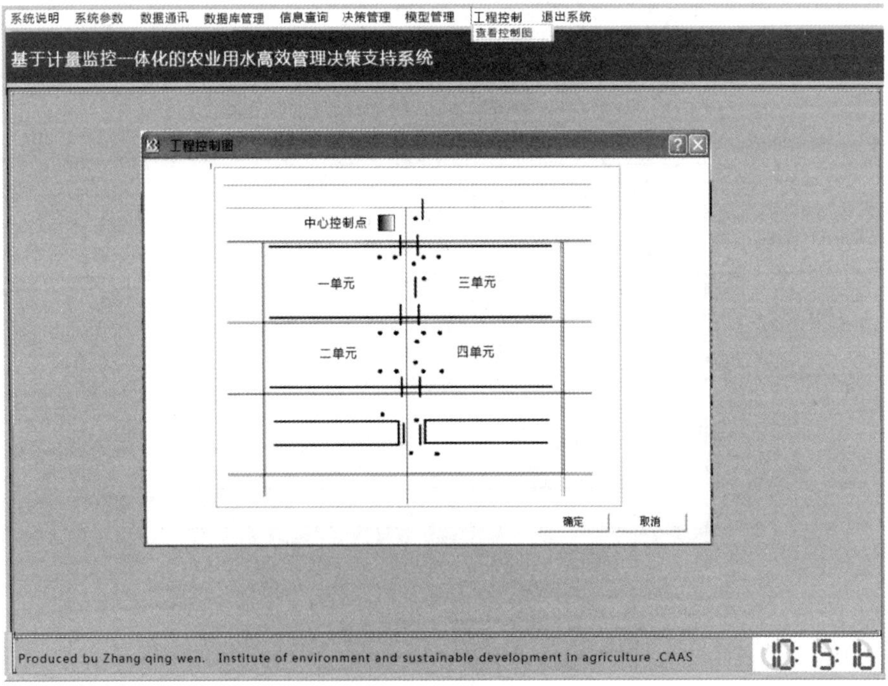

图 7－14　基于计量监控一体化的农业用水高效管理决策支持系统工程控制图

过鼠标点击图中相关位置来很直观地了解农田地形、田间作物、灌溉设施、下位机和传感器的布置状况及相关信息。工程控制的智能测控终端安装于机井首部，串联接入水泵三相控制电路，流量计安装在机井出水管道，流量计与智能控制器之间，通过无线方式实现数据的读取与传输，智能测控终端通过GPRS将数据传输到水务局监控中心。智能测控终端每眼机井都安装有机井智能测控终端，实现了用水计量、水电双控、数据存储、数据传输等功能。

7.3 山东省平原井灌区计量监控一体化管理模式

7.3.1 山东省平原井灌区现状

山东省井灌区一般分布在鲁西、鲁南、鲁北和鲁中的平原地区，范围广、面积大，地下含水层厚，储水量大，且水质较好，但地表水匮乏，是重要的粮、棉、油基地。该区目前已经初步形成了地下水与地表水联合调度、井渠结合的灌溉模式，但缺乏合理的计量和监控、机井布局不够合理，地下水采补失衡，降深漏斗面积较大。山东平原井灌区是典型的资源型缺水区，工农业生产及人民生活用水绝大部分依靠大气降水和开采地下水。天气连续干旱少雨，随着工农业生产的发展和人民生活水平的提高，用水量与日俱增，地下水由于长期超采，水位下降严重，机井出水量锐减，生态环境恶化，水资源紧缺已成为经济发展的重要制约因素。

据统计，山东省多年平均开采利用地下水80多亿m^3，在350.33万hm^2旱涝保收面积中，井灌区占60%以上。目前井灌区一般分布在鲁西、鲁南、鲁北和鲁中的平原地区，其中6个吨粮县、300多个吨粮乡镇全部分布在井灌区。1997年，山东省遭遇历史罕见的特大干旱，经水文频率分析计算为超过百年一遇干旱年份，黄河断流近200d。农田失墒严重，全省农作物受旱面积达到362.67万hm^2，近66.67万hm^2夏播作物无适时播种。但绝大部分井灌区却一派丰收景象，机井灌溉显示了巨大威力。

山东省机井建设的发展也带动了农业高新技术的发展，各种先进的灌水技术、耕作技术都是从机井灌区开始，全省井灌区节水灌溉面积已达113.33万hm^2以上，占井灌区总面积的75%。实践证明，大力发展机井灌溉，特别是发展井灌、渠灌双配套灌区是山东省农业稳产高产和发展两高一优农业的必由之路，也是实现农业现代化的必要条件。

水资源紧缺是山东省经济和社会发展的瓶颈制约，而占全省总用水量70%的灌溉用水普遍存在浪费现象，进一步加剧了水资源紧缺的矛盾。农田灌溉用水效率不高的主要原因是广大农民节水意识不强，管理手段落后，特别是平原机井灌区，几十年来一直采用人工控制、人工计量、人工计费的办法来进行用水管理和水费计收。设施的落后、管理的粗放、计量的失准，造成灌区内争水、抢水、浪费水、水费长期拖欠、水价标准不一、任意抬高水价等一系列问题。水费的长期拖欠使管水者得不到应有的收益，挫伤了积极性；水价的任意抬高又使农民额外支出灌溉费用，增加了农民负担。长期以来，这一矛盾一直没能很好解决。

基于山东省平原机井灌区用水管理的现状，研制了智能卡控制灌溉系统，解决了井灌计量计费需要，破解了多年来井灌区管理难题，改变了传统的机井管理模式，使井灌区由原来的粗放管理向利用高新技术科学管理公正计费迈出了一大步，节约了日趋紧缺的水资源。

7.3.2　系统工作原理

智能卡灌溉管理系统，集水泵控制与计费于一体。计费分为电量计费与管理时间计费两种方式。电量计费即为水泵工作所耗的电量，管理时间计费为既考虑水泵工作所耗电量又考虑管理费用的总和计费。前者能准确地反映所耗电量，后者不能。

该系统由一台系统管理机和安装在各机井上的智能卡控制器组成。系统采用先进单片机技术和智能卡技术。由管理机、智能卡水泵计费控制柜、智能卡组成。水泵由智能卡自动控制，按预定的单价或电量自动计时计费，计费过程动态可见。智能卡分为接触式与非接触式两种。接触式一般称为 IC 卡，非接触式一般称为射频卡。射频卡与接触式 IC 卡相比，卡片上没有任何触点，所有元件均密封在卡片内部。

以射频卡为例，灌水时，使用者只要持预交足够款额的射频卡，靠近控制器的感应区，控制器即将卡中数据读出同时将卡清零。只要卡中数据合法，就会自动开机灌溉，并随时递减卡中款额，灌溉完毕；使用者只要再将卡靠近控制器感应区，则储存在控制中的余额自动写回卡中。同时，关闭机泵停止供水。由于卡与控制器之间是非接触传递数据的，控制器无插卡口，亦无易磨损的卡座，控制器完全可做成密封式，以避免灰尘侵蚀及内部元件受潮。

7.3.3　应用情况

山东省自 1994 年开始投入力量开发研制农田机井灌区智能控制设备，先后开发了接触式 IC 卡机井灌溉控制器、非接触式射频卡节水计量自动化控制系统。其中射频卡节水计量自动控制系统研制与推广项目，于 2000 年 12 月通过科技成果鉴定，并在全省开始试点推广。

该系统专用于取水设备的水量、电量自动计时、计量、显示及控制，除用于农田灌溉外，还可应用与其他类似灌区、工业及城镇供水等技术领域。系统的最大特点在于安装灵活，不必紧靠机井安装，不用进入井房操作，可安装在路旁、山沟等便于操作的地方。本系统已先后在山东省莱芜市、济南市、烟台市等10个市及山西省太原市、河南省郑州市、河北省等地推广应用。特别是高频射频卡灌溉控制系统，全面改进完善了低频卡系统遇到的一系列问题，基本可以适应不同地区不同收费习惯的实际要求。据用户反映，射频卡节水计量自动化控制系统防盗防水，控制方便、计量准确、故障率低。

7.3.4 适用性分析

1. 经济效益分析

（1）统一水价，杜绝了水费拖欠。过去采用人工计量计费，水费拖欠严重。采用该系统后，单价由各村统管，调价卡由村保管，任何人都无法更改灌溉单价。而且用上射频卡后，先交款，后浇地，没有钱就不能开机灌溉，从根本上杜绝了乱收费、乱涨价现象，也杜绝了水费拖欠。同时，维修费用直接从灌溉单价中计提，设施维修有保障，水利设施能够及时得到保养维修，延长了水利设施的使用寿命。

（2）省去了建机房的投资。以往的机井管理基本上是一眼井一座房，每间井房的投资一般在3000元左右，使用设射频卡控制灌溉技术后，每眼井投资2000元左右，比建井房的费用省1/3。同时，每眼井可节约建井房占地15～20m^2。

（3）节省管理费用。使用射频卡控制灌溉技术，大大节省了管理人员开支，原来每眼井需要配备一名管水员，每个村配机井管理人员达十来人。现在，仅依靠1～2名管水员就能胜任。

2. 社会效益分析

（1）杜绝了“人情水”“关系水”，密切了干群关系。过去灌溉，有的村电工、村干部等浇地不花钱，他们浇地所消耗的电费转嫁给其他用户，这也是导致水价过高的一个原因。该项目实施后，射频卡控制器认卡不认人，从根本上杜绝了“人情水”“关系水”，同时，也为群众降低了水费支出，增强了干部威信，密切了干群关系。

（2）变“要我节水”为“我要节水”，使农民养成节水好习惯。农民必须持已交足额水费的射频卡才能开机提水，浪费了水就等于浪费了钱，利益直接，促使群众主动通过平整耕地等措施来节约用水。

7.3.5　前景展望

农田机井灌区智能卡控制灌溉系统具有体积小、重量轻、防伪性好、安全性强、价格适宜、操作简便、技术性能可靠、计量显示准确、存入数据不丢失、不用插卡自动作业等特点，并具有对卡的识别、加钱、款额判断、启闭机泵、计量显示、统计累计等功能，不仅可用于农田井灌区进行科学灌溉，而且可用于水行政主管部门对水资源进行科学控制，限制超标供水，推广前景良好。

第8章

展　望

8.1　农业用水计量监控方面

8.1.1　加强农业用水计量政策宣传

用水计量是《中华人民共和国水法》和《农田水利条例》确定的灌区用水管理基本工作制度，是提高农业用水管理能力的重要手段，也是农业水价综合改革的基础和前提。结合农田水利工程产权制度改革，明确量测水设施管护主体；落实设施运行维修经费的财政补助政策；健全农业灌溉量测水设施和水权制度改革、农业水价综合改革、灌溉试验建设等工作的联动机制。加强农民用水合作组织建设，全面发挥其在工程运行维护、用水管理、水费计收等用水管理作用。

8.1.2　分类推进量测水设施建设

继续加大渠系配套建设，特别是末级渠系与骨干工程同步配套建设。国家统筹规划，明确农业灌溉计量设施建设要求，灌区各取水口、分水口及各用水合作组织间必须设置用水计量点，有条件的地区可计量到田头。骨干输水渠道应结合大中型灌区续建配套节水改造项目，科学设计并合理安排量测水设施的改造、新建内容。末级渠系，结合小农水重点县项目进行田间量测水设施配套，对已建成投运但尚未配置量测水设施的农田水利工程，市县可结合水费或相关水规费，支持农业灌溉量测水设施建设。

8.1.3　设立量测水设施建设专项资金

农业灌溉量测水设施建设资金缺口大，目前，国家和地方均没有专门的资金渠道用于计量设施建设，只能在部分农田水利项目中进行适当安排，资金量十分有限。建议结合大中型灌区续建配套、农业水价综合改革等工作设立专项资金用于农业用水计量设施建设。加强管理，落实管护责任，落实灌区量测水运行维护费用和后续更新改造投资。

全面明确在灌区续建配套与节水改造项目、小农水重点县项目等农田水利工程中至少按照项目投资规模一定比例安排量测水设施建设任务，否则不予审查及审批。地方水利部门也要切实加大农业灌溉用水计量的政策、资金、工作等投入力度。同时把计量设施的建设作为小型农田水利建设项目遴选的必要条件，并在建设过程中加大监督检查力度，以此推进量测水设施的配套完善。

8.1.4　研究推广经济实用的量水设施

目前灌区管理单位的专业技术力量偏弱，建议加强经济实用的量水设施的研究推广应用，使量水设施满足方便、高效、低价、能推广的要求。量水设施的信息化建设和设备厂商售后服务采用托管服务，保证运行管护的专业性和及时性，确保量测水体系持续良好运行。加强量水技术人员的业务知识培训和管理能力培训，规模较大或实力较强的灌区，还应该培养自己的量测水信息化专业技术人员，提高自身管理和维护能力。

8.2　农业用水管理方面

计划用水管理是为实现科学合理地用水，使有限的水资源创造最大的社会、经济、环境效益，而对未来的用水行动进行规划和安排的活动。为使计划用水管理活动高效有力地展开，需要建立一套包含用水计划的编制、执行、监督考核及奖惩措施等几方面内容的规范性制度，才能实现计划用水管理的目标。

（1）进一步加强农业用水管理，完善健全农业用水现代化计量监控。深入灌区用水单位进行全方位调研，开展各农业用水效率监控，收集、储存必要用水效率数据。系统推进和规范管理重点用水单位监控管理工作。要在用水计划管理基础上加强组织领导和日常管理，强化重点用水单位取用水监管明确监控任务和内容，扎实做好数据的计量监测统计和使用工作，掌握节水进程和行业用水水平不断提升重点用水单位监控管理水平，促进行业节约用水，将其作为落实最严格水资源管理制度的重要抓手。

建立信息化建设统一规划和标准。由于灌区信息化建设长期以来没有一个统一的规划和标准，各灌区各自为政，使得灌区之间的信息难以共享，也难以与其他相关系统实现联网，共享信息。同时，各灌区重复开发、重复建设现象严重，造成很大的浪费。因此，灌区信息化建设应进一步加强标准化和规范化建设工作。一是规范灌区基础数据库建设工作，制定灌区基础数据标准和硬件通信协议，以约束参与灌区信息化建设的相关单位，为资源共享奠定基础。二是建立行业准入机制，即从灌区信息化规划编制、设计研发、建设实施、产品设备研制等环节设定准入门槛，使具有相应资质与资格的单位才能从事灌区信息化建设工作，为灌区信息化建设取得预期成效提供必要的措施保障。

（2）用水效率评价指标体系还需完善。本文指标体系的建立是在可获取的有限原始资料的基础上建立而成，有些指标因为资料获取受阻而无法使用，这在一定程度上影响指标的完善性。因此，如何建立真正科学、可靠的指标体系尚需要进一步研究解决。

用水效率评价方法值得进一步深入研究，应用前景广阔。本文只是选取重点用水单位进行了初步研究，故相应评价方法的普适性有待进一步研究和验证，特别是工业用水效率评价模型与生活服务业用水效率评价模型。因此，需采集更多不同区域、不同行业的用水效率数据对模型进行率定与完善。

开发农业用水效率评价模型软件。对各农业用水效率进行监控是一项庞大的内容，在用水效率模型完善的基础上，开发用水效率评价软件有利于水行政及管理部门掌握用水效率情况。

（3）推动重点用水单位节水资金投入，引导重点用水单位运用先进技术手段和措施，加快节水技术改造和节水设备更新，普及节水器具，减少管网漏损和废水排放。并充分发挥新闻媒体的导向作用，及时总结和推广重点用水单位监控工作先进经验，推动行业节水技术和管理水平，加深奖惩法规制度的认可程度。提高通过组织各种形式的宣传活动，广泛深入开展节水宣传教育，提高重点用水单位节水意识，规范用水行为，提高节水水平。

参 考 文 献

[1] Mo X, Liu S, Lin Z, et al. Prediction of crop yield, water consumption and water use efficiency with a SVAT - crop growth model using remotely sensed data on the North China Plain [J]. Ecological Modelling, 2005 183 (2): 301 - 322.

[2] 包春丽．以色列节水法律制度及对我国的借鉴和启示 [J]. 法制与经济（中旬刊），2009 (12): 154 - 155.

[3] 包晓斌．农业水资源可持续利用管理的国际经验 [N]. 中国水利报，2008 - 01 - 03 (004) .

[4] 包晓斌．我国农业水资源可持续利用研究 [J]. 水利发展研究，2011，11 (9): 27 - 29，52.

[5] 蔡承智．中外农作制度研究评述 [J]. 耕作与栽培，2006 (1): 1 - 3.

[6] 蔡雨寒．我国农业用水价格形成机制创新研究 [J]. 水利规划与设计，2017 (5): 32 - 34，69.

[7] 陈成．基于层次分析法的农业节水灌溉适宜技术的研究 [D]. 成都：四川农业大学，2013.

[8] 陈金水．灌区信息化发展 [J]. 中国水利，2003 (16): 35 - 38.

[9] 陈奇恩．旱地农业实用技术 [M]. 北京：金盾出版社，2002.

[10] 陈素景，孙根年，韩亚芬，等．中国省际经济发展与水资源利用效率分析 [J]. 统计与决策，2007 (22): 65 - 67.

[11] 陈文江，曹威麟．改善中国农业用水管理的对策研究 [J]. 科技进步与对策，2006，23 (2): 30 - 32.

[12] 陈文江，李宗尧．农业供水改革的问题分析与途径研究 [J]. 水利经济，2006 (6): 40 - 41，49，87.

[13] 陈晓燕，陆桂华，秦福兴，等．国外节水研究进展 [J]. 水科学进展，2002 (4): 526 - 532.

[14] 陈兆波．生物节水研究进展及发展方向 [J]. 中国农业科学，2007 (7): 1456 - 1462.

[15] 陈芝键．我国大型灌区信息化建设的现状和存在的问题 [J]. 水利技术监督，2008 (4): 37 - 39.

[16] 程晓霖，方天堃．中国农业水资源利用及管理现状分析 [J]. 农业经济，2006 (4): 39 - 40.

[17] 崔海峰．农业水价改革研究——以山东省引黄灌区为例 [D]. 济南：山东农业大学，2015.

[18] 代秀萍．宁夏农业计划用水管理浅析 [J]. 水利科技与经济，2013，19 (2): 49 - 51.

[19] 戴文战．基于三层 BP 网络的多指标综合评估方法及应用 [J]. 系统工程理论与实践，1999.

[20] 戴明龙，叶莉莉，日本的水资源利用与管理 [J]，水资源保护，2010，26 (1): 87 - 90.

[21] 单飞飞，郑文刚，周平，等．农业管理节水技术应用分析 [J]. 农机化研究，2010 (8): 7 - 10.

[22] 丁平．我国农业灌溉用水管理体制研究 [D]. 武汉：华中农业大学，2006.

[23] 杜威漩．交易成本、制度效率与农业水资源管理制度创新 [J]. 节水灌溉，2007 (8): 151 - 155.

[24] 杜威漩．农业水费管理制度透视与创新——基于交易成本分析视角 [J]. 节水灌溉，2008 (2): 62 - 65.

[25] 杜威漩．中国农业水资源管理制度创新研究 [D]. 杭州：浙江大学，2005.

[26] 杜贞栋，谷维龙，王华忠，等．农业非工程节水技术 [M]. 北京：中国水利水电出版社，2004.

［27］ 段林．我国农业水资源管理面临的问题及对策［J］．中国农业信息，2016（6）：41－42.

［28］ 范昊明，杨国范，安禹，等．GIS技术在灌区用水管理中的应用研究［J］．沈阳农业大学学报，2002，23（2）：142－145.

［29］ 封志明，杨艳昭，刘宝勤．甘肃省农田水分平衡及其时空分布规律［J］．自然资源学报，2005（2）：33－39.

［30］ 冯广志．用水户参与灌溉管理与灌区改革［J］．中国农村水利水电，2002（12）：1－5.

［31］ 冯广志．关于微灌技术研究与推广的几个问题［J］．节水灌溉，2000（2）：6－8.

［32］ 冯晋臣．高效节水根灌栽培新技术［M］．北京：金盾出版社，2008.

［33］ 冯颖．农业节水技术补偿机制研究［D］．杨凌：西北农林科技大学，2013.

［34］ 高升荣．水环境与农业水资源利用［D］．西安：陕西师范大学，2006.

［35］ 高媛媛，姜文来，殷小琳，典型国家农业水价分担及对我国的启示［J］．水利经济，2012，30（1）：5－10.

［36］ 高云亮．全面实行计划用水管理的意义分析［J］．中国水利，2013（17）：38－39.

［37］ 关全力．新疆农业节水管理一体化体系研究［D］．乌鲁木齐：新疆农业大学，2011.

［38］ 郭洪宇，张威．我国农业用水的可持续利用对策研究［J］．海河水利，2003（3）：20－21.

［39］ 郭莉．我国农业水资源配置及其法律保障机制研究［D］．南京：河海大学，2006.

［40］ 贺延辉．浅谈泾惠灌区管理站在计划用水管理中的四个环节［J］．经营管理者，2015（15）：79.

［41］ 黄峰．中国广义农业水资源和水土资源匹配［C］//变化环境下的水资源响应与可持续利用——中国水利学会水资源专业委员会2009学术年会论文集．中国水利学会水资源专业委员会、中国水利水电科学研究院、大连理工大学，2009：6.

［42］ 黄显峰，邵东国．我国灌区信息化建设面临的若干问题与对策［J］．水资源保护，2005（2）：69－71.

［43］ 黄晓江．浅谈现阶段我国农业水资源问题及科学管理［J］．农业技术与装备，2007（12）：7－8.

［44］ 贾蕾，甄瑞．以色列农业水资源管理模式和节水经验［J］．黑龙江农业科学，2015（2）：156－158.

［45］ 江亚菲．秦皇岛市计划用水定额研究［D］．保定：河北农业大学，2014.

［46］ 姜文来．关于农业水资源商品化问题的探讨［J］．北京水利，2000（5）：15－16.

［47］ 姜文来．农业水资源管理机制研究［J］．农业现代化研究，2001（2）：76－79.

［48］ 金荣芝，陈顺胜．农业水资源管理机制探讨［J］．河南水利，2003（4）：15.

［49］ 金文莉．西班牙农业水资源管理给我国的启示［J］．对外经贸实务，2011（9）：26－29.

［50］ 靳京，吴绍洪，戴尔阜．农业资源利用效率评价方法及其比较［J］．资源科学，2005，27（1）：146－152.

［51］ 靖娟，褚俊英，王建华，等．澳大利亚节水与水资源管理的经验与启示［J］．人民黄河，2007（4）：11－12，14.

［52］ 李城．浅析农业水资源可持续管理机制的问题［J］．科技信息（科学教研），2008（13）：325，298.

［53］ 李军，张和喜，蒋毛席，等．灌区灌溉管理和信息化建设研究进展［C］//2011全国灌区信息化建设与防渗抗冻胀新技术应用专刊．中国水利技术信息中心，2011：6.

［54］ 李鹏．可持续发展的农业水价理论与改革［D］．杨凌：西北农林科技大学，2008.

［55］ 李平衡．我国农业水资源利用存在的问题及对策分析［J］．农村经济与科技，2016，27（1）：39－40，42.

［56］ 李蕊舟，王西琴．关中灌区农业水价现状、问题及对策研究［J］．中国物价，2016（1）：48－50.

[57] 李远华，贺前进，陈崇德，等．水库灌区动态用水计划拟定方法研究 [J]. 农田水利与小水电，1995，11：16-20，47.
[58] 梁燕君．以色列高效节水农业的成效及对我国的启示 [J]. 市场经济与价格，2012 (12)：60-62.
[59] 刘杰．农业灌溉用水管理及其使用权转让补偿研究 [D]. 北京：中国农业科学院，2002.
[60] 刘敬，杨秀芹，王华．德州市实施计划用水管理制度探讨 [J]. 山东水利，2010 (7)：50-52.
[61] 刘军平．浅谈灌区灌溉用水计划的编制与执行 [J]. 内蒙古水利，2014 (1)：121-122.
[62] 刘莉，张伟利．农业水资源管理存在的问题与创新管理机制 [J]. 中国新技术新产品，2010 (4)：237.
[63] 刘鹏．河北省农业水资源管理发展对策研究 [J]. 环渤海经济瞭望，2014 (9)：40-42.
[64] 刘强，桑连海．我国用水定额管理存在的问题及对策 [J]. 长江科学院院报，2007 (1)：16-19.
[65] 刘曦，孙艳，王秀茹，等．北京市计划用水方案实施研究 [J]. 南水北调与水利科技，2011 (1)：166-168，172.
[66] 刘渝，杜江，张俊飚．湖北省农业水资源利用效率评价 [J]. 中国人口·资源与环境，2007，17 (6)：60-65.
[67] 刘渝，王兆锋，张俊飚．农业水资源利用效率的影响因素分析 [J]. 经济问题，2007 (6)：75-77.
[68] 刘玉兰，崔理哲，张红梅．石津灌区现代化建设基本构想 [J]. 水利发展研究，2015，15 (3)：48-50，64.
[69] 刘愿英，代世伟，范永贵，等．我国灌区农业水资源可持续利用问题探讨 [J]. 干旱地区农业研究，2007 (6)：157-162.
[70] 陆军，葛贻华．自主管理灌排区理论与实践 [M]. 北京：中国水利水电出版社，2003.
[71] 陆列寰，郑世宗．灌区农业用水定额管理应用模式研究及实践 [J]. 中国农村水利水电，2010 (12)：28-30.
[72] 罗陶露，张树军，郭秀红，等．浅析计划用水管理 [J]. 水利经济，2011，29 (3)：57-59，78.
[73] 马传江．完善农业水资源管理机制方法探析 [J]. 农业与技术，2012，32 (12)：35.
[74] 马建琴，刘杰，夏军，等．流域农业水资源管理的组织形式研究——澳大利亚 Murray-Darling 流域与黄河流域的对比分析 [J]. 安徽农业科学，2009，37 (8)：3773-3775.
[75] 马喜东，王瑞，马宁宁，等．人民胜利渠灌区的用水管理 [J]. 河南水利与南水北调，2012 (9)：46-47.
[76] 孟德锋．农户参与灌溉管理改革的影响研究 [D]. 南京：南京农业大学，2009.
[77] 乔文军．农业水权及其制度建设研究 [D]. 杨凌：西北农林科技大学，2007.
[78] 秦月成．引黄灌区灌溉用水管理制度改革研究 [D]. 济南：山东农业大学，2010.
[79] 饶碧玉，成换换．3S 技术在灌区信息化建设中的应用初探 [J]. 水利科技与经济，2006 (1)：52-54.
[80] 尚松浩，蒋磊，杨雨亭．基于遥感的农业用水效率评价方法研究进展 [J]. 农业机械学报，2015 (10)：81-92.
[81] 宋林林，张卫红．小议灌区配水计划的编制 [J]. 水利天地，2009 (3)：20.
[82] 苏光云，张文，祁亨年．浙江省农业用水资源现状及可持续发展研究 [J]. 安徽农业科学，2015，43 (27)：201-202.
[83] 孙爱军．基于随机前沿函数的工业用水技术效率研究 [D]. 南京：河海大学，2007.

[84] 孙建军．用水制度管理分析研究 [J]．电子制作，2014，18：227.
[85] 汤明玉，马巨革．浅谈我国灌区信息化建设存在问题及对策 [J]．华北国土资源，2015 (1)：69－70，73.
[86] 唐曙暇．完善农业水资源管理机制方法探析 [J]．环境与可持续发展，2008 (5)：50－51.
[87] 田志林，聂建中，孙建勋．农业水资源高效利用与管理 [J]．水科学与工程技术，2010 (3)：29－30.
[88] 王海龙，王会肖，刘海军，等．农业水资源高效利用的若干问题研究 [J]．南水北调与水利科技，2010，8 (1)：82－87，98.
[89] 王浩，秦大庸，韩素华．宁夏河套灌区农业水资源高效利用模式研究 [J]．自然资源学报，2004 (5)：585－590.
[90] 王宏．农业灌溉用水定额分析 [J]．现代农业科技，2011 (5)：253.
[91] 王慧敏，徐立中．流域系统可持续发展分析 [J]．水科学进展，2000 (2)：54－61.
[92] 王金武．农业灌区用水管理机制探讨 [J]．农业科技与装备，2013 (12)：76－77，80.
[93] 王景绍，周官松．里石门水库灌区农业用水定额管理模式探讨 [J]．浙江水利科技，2012 (4)：74－75，78.
[94] 王立祥．高效节水型设施农业：我国农业可持续发展的重要选择——《以色列农业在中国》的评价 [J]．干旱地区农业研究，2001 (2)：133.
[95] 王山山，朱亮，龙振华．对我国大型灌区信息化建设中几个问题的研究 [J]．农村经济与科技，2010 (6)：138－139.
[96] 王维汉，毛前．以色列农业水资源的可持续利用 [J]．浙江水利水电学院学报，2014，26 (1)：43－45.
[97] 王伟．中外水利投融资政策的比较 [J]．中国水利，2001 (3)：21－23.
[98] 王西琴，吴若然，李兆捷，等．我国农业用水安全的分区及发展对策 [J]．中国生态农业学报，2016，24 (10)：1428－1434.
[99] 王学渊，赵连阁．中国农业用水效率及影响因素——基于1997—2006年省区面板数据的SFA分析 [J]．农业经济问题，2008 (3)：10－18.
[100] 王宇驰，马国庆．对我国农业水资源管理机制建立的几点意见 [J]．民营科技，2011 (6)：171.
[101] 王昱，汗志农，尚虎君．大型灌区计划用水管理系统的设计与实现 [J]．干旱地区农业研究，2007 (2)：124－127，142.
[102] 王昱．灌区计划用水管理信息系统的设计与实现 [D]．杨凌：西北农林科技大学，2007.
[103] 吴霞．水稻产区用水计划的编制与实施 [J]．科技致富向导，2012 (11)：377.
[104] 吴晓东．淄博市计划用水指标体系与管理制度研究 [D]．济南：山东农业大学，2010.
[105] 谢崇宝，张国华，高虹，等．我国灌区用水管理信息化软件系统研发现状 [J]．节水灌溉，2009 (2)：8－10.
[106] 徐靖．农业用水定额管理的保障措施 [J]．现代农业科技，2012 (7)：266，270.
[107] 徐强，夏晖．宁波水资源利用效率现状及趋势分析 [J]．浙江工商职业技术学院学报，2007，6 (3)：1－6.
[108] 徐勇．农业资源高效利用评估指标体系初步研究 [J]．地理科学进展，2001，20 (3)：240－246.
[109] 徐长春，陈阜．“水足迹”及其对中国农业水资源管理的启示 [J]．世界农业，2015 (11)：38－44.
[110] 许迪，高占义．农业高效用水研究进展与成果回顾 [J]．中国水利水电科学研究院学报，2008 (3)：199－206.

[111] 许平．我国农业用水的历史变化及可持续利用问题［J］．中国农村水利水电，2008（10）：54－57.
[112] 闫华，赵春江，郑文刚．北京市农业用水问题及对策研究［J］．节水灌溉，2008（12）：20－23.
[113] 闫华，郑文刚，赵春江，等．国外农业节水与水权转换的实践经验和启示［J］．中国农村水利水电，2008（12）：73－75.
[114] 杨明，王通．石津灌区信息化建设管理经验分析［J］．水利科技与经济，2014（6）：159－160.
[115] 杨永辉，胡玉昆，张喜英．农业节水研究进展及未来发展战略［J］．中国科学院院刊，2012，27（4）：455－461.
[116] 杨蕴玉．澳大利亚的节水措施及其启示［J］．干旱地区农业研究，2005（4）：234－236.
[117] 袁敏，董淑臻，郑梅．中国农业水资源管理中的问题及发展趋势［J］．山东水利，2005（8）：11.
[118] 袁伟民，陈曦，柴建，等．我国农业水资源管理相关研究的分析与评价［J］．中国农机化学报，2013，34（4）：261－265.
[119] 臧景红，杨印胜，刘俊良，等．生活计划用水定额及其指标体系［J］．中国给水排水，2001（1）：66－67.
[120] 翟浩辉．提高认识，加快水价改革步伐［J］．中国水利，2002（5）：9－10.
[121] 赵林明，魏德华．优选人工神经网络隐层神经元数目的方法［J］．华北水利水电学院学报，1999，20（4）：44－48.
[122] 赵会强，雒文生，孙春鹏．神经网络理论在区域节水水平综合评价中应用研究［J］．灌溉排水，1999（3）：45－47.
[123] 张保祥．日本水资源开发利用与管理概况［J］．人民黄河，2012，34（1）：56－59.
[124] 张芬霞．我国农业灌溉用水保护的法律调控［D］．南昌：江西理工大学，2011.
[125] 张丽，张云，钱树芹，等．用水定额研究进展浅议［J］．中国水利，2011（5）：45－47.
[126] 张明生，王丰，张国平．中国农业用水存在的问题及节水对策［J］．农业工程学报，2005（S1）：1－6.
[127] 张娜娜．江苏省农业水资源利用评价与管理措施研究［D］．南京：南京农业大学，2014.
[128] 张穗，谭德宝，崔远来，等．空间信息技术在灌区信息化中的应用探讨［J］．长江科学院院报，2010（1）：52－56.
[129] 张振武．论农业水资源管理的几个转变［J］．科技创新导报，2008（16）：130.
[130] 赵飞，解瑞．浅谈灌区信息化建设与发展趋势［J］．中国西部科技，2011（1）：61－63.
[131] 赵海林，赵敏，郑垂勇．我国农业水权制度改革探讨［J］．经济问题，2004（4）：58－60.
[132] 郑芳．新疆农业水资源利用效率的研究［D］．石河子：石河子大学，2013.
[133] 周刚炎．以色列水资源管理实践及启示［J］．水利水电快报，2007，28（5）：9－13.
[134] 周晓花，程瓦．国外农业节水政策综述［J］．水利发展研究，2002（7）：43－45.
[135] 周亚平，李欣苓，李晓辉，等．浅析我国大型灌区信息化建设［J］．水利水文自动化，2007（3）：1－7.
[136] 周颖．建立我国农业水资源管理机制的几点意见［J］．黑龙江科技信息，2009（22）：241.
[137] 朱启荣．中国工业用水效率与节水潜力实证研究［J］．工业技术经济，2007，26（9）：48－51.